河名秀郎 ナチュラル・ハーモニー代表

本当に安全でおいしい野菜の選び方

野菜の裏側

東洋経済新報社

自然栽培の野菜は
均整がとれて美しく、重い

ニンジンの芯

左が自然栽培、中央が有機栽培、右が一般栽培
中心部分は自然栽培は均整がとれているが、一般栽培・有機栽培は不均等

トマトの浮き沈み実験

浮いているのが一般栽培、沈んでいるのが自然栽培
細胞が緻密なものは沈む傾向にある

自然栽培の野菜は

枯れる

木村さんのリンゴ

左が採れたて、中央が常温で1年経過、右が2年経過

キュウリ

レモン

ゴーヤ

左が採れたて、右が1カ月経過
腐らずに枯れている

自然栽培の野菜は

腐らない

キュウリ

スライスしたキュウリを瓶に入れ、10日間放置した状態
左が自然栽培。中央が有機栽培。右が一般栽培。有機栽培が最初に腐った

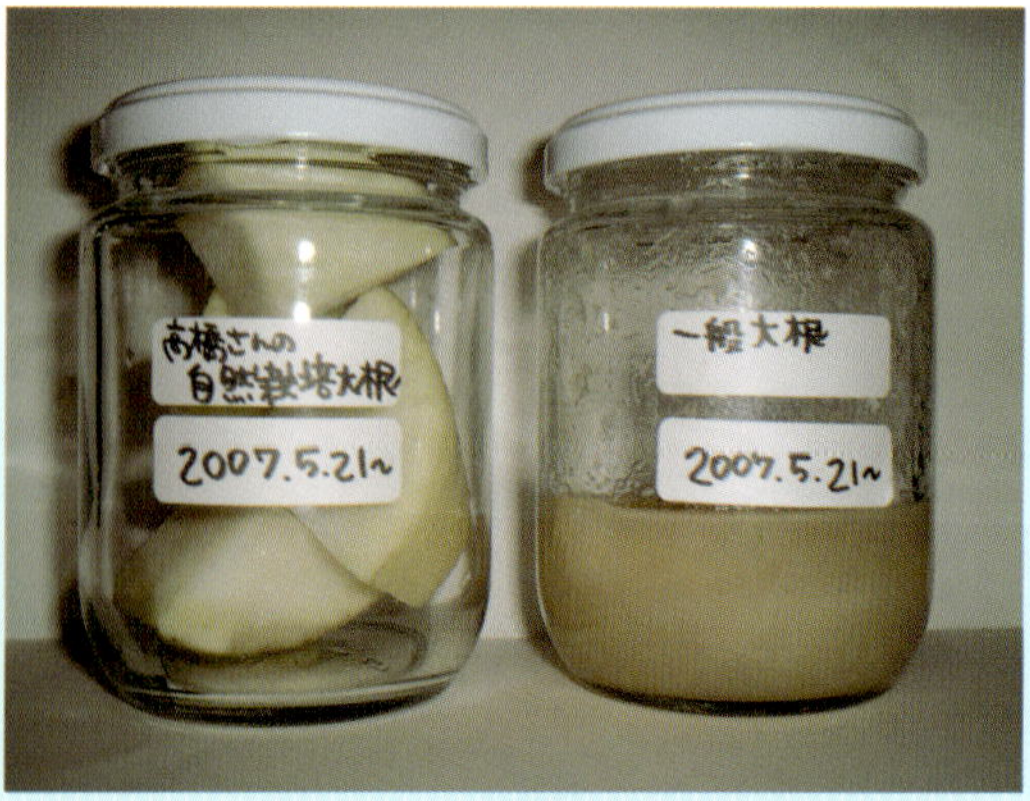

大根

大根を瓶に入れ、10日間放置した状態

※野菜の生産者や季節、農薬・肥料の質や量で、違いが出る場合があります

食とは何か

生命を体に取り入れること

生命を食べることで
自らの命を維持・拡大していくのが
食の本質である

【はじめに】………

野菜にまつわる10の誤解

あなたは「野菜」についてこんな思い違いをしていませんか？

①野菜を放っておけば、腐るのは当たり前だ
②有機野菜とは、無農薬でつくられた野菜だ
③有機野菜は生で食べても大丈夫
④ほうれん草などの葉物野菜は、色が濃いほうが体にいい
⑤虫がつくのは、安全な野菜の証拠

⑥野菜を育てるには、肥料が必要
⑦有機野菜は、環境にも体にもやさしい
⑧栄養バランスを考えて食べないといけない
⑨特別栽培・減農薬野菜は安全だ
⑩野菜は多くとればとるほど体にいい

上記はすべて世間では「常識」とされていることです。

ところが私の考えはまったく逆です。10項目のすべてについて「NO」、これが私の答えです。


野菜は大量に食べれば食べるほど体にいいわけではないし、有機野菜・特別栽培野菜が、農薬を使ってつくられた一般の野菜より安全かといえば、必ずしもそうとはいいきれません。

一方、世の中には肥料も農薬も使わずにつくられ、収穫後も腐らない野菜があります。

「そんなことがあるはずがない！」

「世の耳目を集めようと、トンデモ説を唱えているだけでは？」

などと思われる方もいるかもしれません。

しかしこれは、私が35年ほど前に「自然栽培の野菜」という本物の野菜に出会い、野菜と半生をともにしてきて出した結論なのです。

多くの人が野菜について思い違い、誤解をしているのです。

冒頭の10項目の答えとその理由は、本書の巻末（「はじめに」の答え）に掲載しましたが、本文を読んでいただければおのずと答えはおわかりいただけると思います。

「本物の野菜」と「不自然な野菜」

いまの時代、食べ物が山のようにあふれています。しかしその中で、本当に安心して食べられるもの、安全な食べ物がどれだけあるでしょうか。

現代では「食の安全」に関心が高まっています。食品添加物関連の本がよく売れたり、有機野菜を取り寄せる人も多くなりました。

しかしそれは、いまの世の中に安心して食べられるものが少なくなっているということの裏返しではないでしょうか。

本来、食べ物は「毒のないこと」「安全なこと」が当たり前のはずです。このことを前提としないから、昔ながらの手法でつくられた自然食や、自然の状態で育った野菜が「高価なもの、贅沢なもの、特別なもの」として扱われてしまうのです。

本書では、「野菜」に焦点を絞って、いまの日本の野菜の現状を訴え、本当に私たちにとって必要な「本物の野菜」とは何かについて考えていきたいと思います。

いまの野菜は農薬、肥料の「毒」におかされ、非常に「不自然な」状態で栽培されています。こうした「不自然な野菜」を食べて、はたして健康を維持できるのでしょうか。「不自然な野菜」を食べつづけ、「不自然な体」を結果としてつくってしまっているのではないでしょうか。

では、「本物の野菜」はどう選べばいいのか、どんな食べ方をしたら「自然の体」そして「健康」を得られるのか。

その答えが本書にあります。

野菜が教えてくれる「健康とは何か」

私は半生を通してずっと「どうすれば健康でいられるのか」という課題と向き合って生

きてきました。

そしてめぐり合ったのが、肥料にも農薬にも頼らずにつくられる「自然栽培」の野菜でした。

野菜を食べること、野菜と向き合うことから、「健康とは何か」を学びました。健康法だけでなく、生き方も、事業経営さえも、すべて野菜が教えてくれたのです。

20代半ばに自然栽培の野菜の引き売りから事業をスタートさせ、その後、「ナチュラル・ハーモニー」という会社を設立し、いまでは全国への宅配、直営店4店舗にて野菜の販売、そして3店舗にて自然栽培の野菜を使った料理を提供し、自然栽培の野菜の普及に取り組んでいます。近年では、自然の摂理から学ぶ生き方、ライフスタイルの提案までさせていただく「ナチュラル&ハーモニックスクール」も主宰しています。

先日、九州・福岡を訪ねました。

ここではナチュラル・ハーモニーの個人宅配の会員の方々が集まって、自然栽培の野菜を広めるために自主的な活動をしてくださっています。

「ぜひ一度九州にお越しください」といわれてうかがったのですが、そこには20名ぐらいの会員さんが集まってくれていて、「今日は河名さんにお礼をいいたい」とおっしゃるのです。

お礼をいわなければならないのは、こちらのほうです。私たちの活動に賛同して野菜を購入してくださり、しかもそれをボランティアで広めてくださっているのですから。

にもかかわらず、「とにかく自分たちの話を聞いてほしいから」といわれ、みなさんの話をうかがうことになりました。最初に話しはじめたのは、ひとりの女性でした。

「魂から喜びがあふれた」

その女性は若く、とても可愛らしいお嬢さんですが、先天性の視覚障害で、現在はほとんど目が見えない状態だといいます。

子どものころからがんばり屋さんで、周囲からは明るく、しっかりものと思われてきたそうです。でも本当は、それが彼女にとってはプレッシャーだったそうで、成人を迎えるころからは、だんだんひきこもりがちになっていったそうです。

ひきこもりは1年半も続いたそうですが、少し回復してきたころ、彼女は知人からナチュラル・ハーモニーのことを聞き、お米と野菜を取り寄せてみたそうです。

驚いたのは、届いたお米を炊いたときの匂いだったそうです。

いままでのお米とは、まったく違う匂いだったといいます。じつは彼女の家では、それ以前も有機栽培の野菜や米を食べていたそうですが、お米の炊ける匂いが彼女はいやで仕方がなかったというのです。

ところが自然栽培の米は、米本来のおいしそうな香りがしたというのです。それを一口、口に含んだときは、自然と笑顔がこぼれたといいます。

野菜も同様にそのおいしさに感動し、家族みんなで笑顔で食べてくれたそうです。妹さんは野菜嫌いとのことですが、おいしいと喜んで食べていたそうです。

そのときの気持ちを彼女は「魂から喜びがあふれた」といっていました。

自然栽培の米・野菜を食べるようになってから、彼女の生活は一変したそうです。

それまで人ごみはもちろん、親しい友人と会うのも恐怖という状態だったのが、人と笑顔で会えるようになり、日常生活の何でもない会話にも心から「楽しい」と思えるようになったというのです。「このお米が私の運命を変えてくれました」と涙ながらに語る彼女の姿が印象的でした。

そして彼女は自然栽培のお米でつくったおにぎりや、小麦粉でつくったお菓子を、友人や周囲の人に広めてくださっています。

その会には彼女の妹さんも同席していて、「最近のお姉さんは以前と全然違う。こんなイキイキしているお姉さんはいままで見たことがなかった」とうれしそうに話してくれました。

この話を聞いて、どんなにありがたく、うれしかったことかわかりません。

「自然栽培を世に広める活動をしてきてよかったな」と心から思えた瞬間でした。

栄養価や成分よりも大切なこと

そしてもうひとつ、印象的なお話を聞きました。

50代の女性で、数年来、関節リウマチによる関節痛に苦しんできた方の話です。

最初は処方されたクスリがよく効いて、ウソのように楽になっていたそうですが、そのうち効かなくなり、別のクスリを処方されるも、効果がないどころか悪化する始末。

疑問を抱いた彼女は思い切ってクスリを断ったのですが、症状はどんどん進み、最後には家事もままならない状態になってしまったそうです。軽い物をもつだけでも痛みが出るため、包丁を握るのもつらくなり、だんだん料理からも遠ざかってしまったといいます。

ところが、そんなあるとき、知人宅で自然栽培のキウイを食べたところ、その甘さ、おいしさに感動し、自然と涙があふれたというのです。そして不思議なことに、手の痛みが消えていくような気がしたそうです。

それから彼女は、自然栽培の野菜を定期的に取り寄せるようになったそうです。届いた野菜を見ると、「料理をしたい」という気持ちがわいてきて、はじめは野菜の皮をピーラーでむくことができるようになり、その後、お米も取り寄せ食べはじめたら、行けなかった買い物にもひとりで行けるようになり、そしていまでは包丁をもって料理ができるようになったと話してくれました。最近では、大根おろしもできるようになったそうです。大根をおろすのは非常に力のいる作業ですから、すごいことです。

食べるということは、食べ物の栄養成分を体に取り入れるというだけの話ではありません。食べ物の「生命」を体に取り入れることなのです。

そしてそれは時として人の人生を変えてしまうほど、大きな意味をもつことなのです。

野菜は、誰もが疑うことのない健康の要です。野菜についての情報も、あれこれ世間をにぎわせています。

「野菜はビタミン、ミネラルの宝庫」

「野菜にはファイトケミカルが入っているから、ガンの予防効果がある」

「食物繊維をとるためには、まず野菜」

これらはよく聞く話だと思います。しかし本書には、このような野菜の栄養や成分について話は一切出てきません。

私がいいたいのは、私たちは野菜の栄養や成分にばかり目がいってしまっていて、本当に大切なことや本質を忘れてしまっているのではないかということです。

野菜が教えてくれるもの、それは紛れもない「自然の摂理」です。大自然の摂理に沿った生き方、食べ方をすれば、人は本来の自然な姿＝健康を取り戻すことができるのです。

本書で野菜を通して「食の本質」とは何かということについて、私と一緒に考えていきましょう。

『野菜の裏側』——目次

第3章……野菜を食べるとガンになる？――「硝酸性窒素」は大問題――67

第4章 「腐敗実験」からわかる生命力のある野菜、ない野菜

第5章……土には本来、「すごい力」がある――125

第6章 「頭で考える食べ方」から「五感で選ぶ食べ方」へ――151

第7章……医者にもクスリにも頼らない！自然と調和する生き方

ブックデザイン　上田　宏志［ゼブラ］
ＤＴＰ　アイランドコレクション

第1章

20歳の姉の死と「自然栽培」との出会い

姉の死と16歳の決意

私の姉は20歳という若さで生涯を閉じました。骨肉腫という骨のガンでした。当時私は16歳でした。

最新医療も、さまざまな民間療法、健康食品、そしてそのときすがっていた宗教も、何ひとつとして姉の命を救ってくれませんでした。

私と弟は、姉がガンだということを、亡くなる直前まで知りませんでした。両親からはただ深刻な病気にかかっているとだけ聞かされていました。

両親は病院での治療のほかにも、あらゆる健康食品やら水やら健康器具やらを、片っ端から試していました。水は当時まだ珍しかったイオン水というものを使っていて、私が週

2〜3回、電車で往復2時間かけてポリタンクで運びました。

姉は入退院を繰り返していて、手術も5回ほどしていました。

退院して一時、私とキャッチボールができるぐらい回復したこともありましたが、検査をすると、そのたびに転移が見つかってまた入院、手術、抗ガン治療。それを繰り返した5年間ほどのうちに、どんどん衰弱していってしまいました。

最後は肝臓に転移が見つかって、そのときはもう戻ってこられませんでした。

度重なる手術で、体中が傷だらけでした。何より、痛みに耐える姿はとても見ていられないものでした。

姉は自宅でも、布団の枕元にいつも包丁を置いてました。

それは、こんな痛みに苦しむぐらいなら、いっそのこと死にたいという気持ちと、もうひとつは、あまり痛いときには違うところを傷つけて、その痛みで紛らわしたいという思いがあったようです。

あとになって知ったことですが、抗ガン治療というのはすればするほど、痛みが強くなるらしいのです。抗ガン剤を使って5年延命してもその痛みは相当なもので、逆に医療に頼らずに亡くなった方は、痛みは少ないといいます。

葬儀の日、嘆き悲しむ母はもちろんのこと、気丈にふるまいながらも人目を忍んで泣いている父の姿を見たときは、どうにもならない思いがこみあげて抑えることができませんでした。

このとき私は、ある強い決意をしました。

「親をこれ以上悲しませないためにも、自分だけは病気にならないで生きよう！」と。

「自然の摂理」を知れば健康でいられる

そんな決意はしたものの、姉の死を受け入れることは、16歳の私にとってあまりにもつらいことでした。病室に泊まりこんでそこから学校に通ったり、私なりに一生懸命看病していたし、ずっと治るものだと信じていましたから。

医療っていったい何なのか。医療に対する不信感はそのときに、はっきりともってしまいました。宗教だって治るといったじゃないか。神も仏もないじゃないか……。絶望のあまり、半ば自暴自棄になっていました。

学業のほうにもまったく身が入らなくなってしまい、一気に「遊び人」と化してしまったのです。

夜な夜なディスコに通ったり、いつもスケートボード片手に遊びまくりました。いちばんハマったのはサーフィンで、当時サーファーが時代の最先端だったこともあって、海に通いつめました。

そんなことだから、大学に進学するのもやっとでした。しかし大学に行っても、やはりサーフィンばかりやっていました。真っ黒に日焼けして、髪の毛も潮焼けで茶色。ファッション誌やサーフィン雑誌の取材を受けることもたびたびでした。

ファッションにも興味があって、上野のアメ横に古着ショップを出したこともあります。結構売れ行きもよくて、こちらも雑誌でよく紹介されていました。

大学にはまったく通わずでした。ただ、実際に自分で店を経営してみたことは、大学で経営学などを学ぶより、はるかに勉強になったように思います。

そんなことをしているうちにも就職活動の時期になって、さすがにいつまでも好き勝手に遊んではいられないぞという気になりました。

そこで自分の進むべき道を改めて考えてみたら、やはり「食」だと思ったのです。

食を通して、自然の摂理ということを学び、自然と調和した生き方を生涯の仕事として取り組んでいくことに決めました。それはやはり姉のことがあったからです。

外見はチャラチャラしたサーファーの風体ではありましたが、「健康とは何か」ということはずっと自分のテーマとしてありましたし、食べ物にもそれなりにこだわっていました。サーファー仲間に自然食をすすめたりもしていました（嫌がられましたが……）。

姉が亡くなったとき、「自分だけは病気にならないで生きよう！」と固く決意したと述べましたが、その後、体や食についていろいろな書物を読み漁り、自分なりに研究もしていました。

そのときに知ったのは、現代の食事情、とりわけ野菜の農薬事情でした。いまの野菜にどれだけ農薬が使われているのか、いかに病んでいるのか……。

野菜は、ものによっては40回も50回も農薬を使ってつくられているのです。

健康のために野菜を食べろとしきりにいわれるけれど、こんなにも農薬の力を借りなければ生きることができない野菜がはたして体にいいのかどうか……。

疑問を感じざるを得ませんでした。

あるニンジンとの出会い

一方、農薬はおろか肥料にも頼らない「自然栽培」という方法があることも、この18歳のころに知ったことです。

ちょうどお世話になっている人が、その自然栽培の野菜を取り寄せていて、分けてもらったのです。

自然栽培の野菜は当時、市販品のように形がそろってまっすぐではありませんが、しっかりした野菜でした。その場で生のニンジンをかじらせてもらった私は衝撃を受けました。

これがニンジンの味か……。

中身がギュッとつまっていて、しっかりした味です。いままで食べていたニンジンが水っぽくて弱々しい味にしか思えなくなりました。自然栽培についてはあとで詳しく述べますが、この野菜は私にとって大いに衝撃的でした。

このときの経験から、将来はこの自然栽培を世に広める仕事をしたいという思いが形づくられていきました。

ところが熱意だけは立派なものの、遊び人のツケが回って、私が就職活動を始めたときにはすでに時遅し。学校に行っていない私は情報にうとく、就職活動というものは「解禁日」から始めるとばかり思っていたのです。気がつけば同級生はみんなとっくに内定をもらっていました。

仕方なく電話帳を見ながら、自然食を取り扱っている会社に一件一件電話をして募集がないか尋ねて回りました。

それでなんとか自然食品店をチェーン展開している有名な会社など、いくつか面接してもらいましたが、どこも私の思いを理解してくれるところはありませんでした。どの会社も安心・安全な食の提供ということをいうものの、そこまでで止まっているのです。

私のやりたいのはそんなレベルのことではなくて、あとで述べるように「食を通して自然と調和する生き方を具現化したい」ということだったのです。当時から、その思いはすでにはっきりとありました。

それがかなえば人は誰もが医者にもクスリにも頼らずに健康を維持できるのだと、一生懸命訴えてみましたが、わかってくれるところはありませんでした。どこもダメでした。もちろん向こうも向こうで、私のことを「こんなうるさいやつはダメだ」と思っていたかもしれませんが……。

30万円を握り締めて農業武者修行

結局、ハーブティの販売会社に就職しました。

そこは自然界のエネルギーをハーブから取り込むということをうたっていて、私の考えと多少なりとも一致するところがあったからです。

その会社で学んだこともありましたが、いろいろ経営的なゴタゴタもあり、しばらくして倒産してしまったのです。

ではこれからどうしようかと考えたとき、やはり「実地体験」が必要だなと思いました。自分の求める「自然の摂理」は、都会のデスクワークではとても学び取れるものではない。実際に土に触れてみたい、農業を体験したいと思い立ちました。

何より、あの衝撃的な「ニンジン」をつくった自然栽培というものを見てみたかった。本当に肥料を使わずに野菜が育つのか。最初はなんとかなっても、肥料がなければいずれは貧弱な野菜になってしまうのではないか。育ったとしても、おいしくなければ意味がないのではないか……。

自然栽培という方法に対して抱いていた疑問を解決したいと思いました。

つてをたどって自然栽培を行っている農家を探しました。給料はいらないから、寝るところとご飯だけは食べさせてくださいとお願いしたところ、ありがたいことに、千葉県で自然栽培を行っている「自然農法 成田生産組合」というところが私を受け入れてくれることになりました。

就職してから貯めた30万円を握り締め、両親の猛反対の中、勢いだけで旅立ちました。

農業体験で得たもの

はじめての農業体験。都会育ちで土をいじったこともない私にとって、それは言葉にならないほどつらいものでした。

まず朝は4時起床。畑を回って草むしり、野菜の収穫、荷物運びなど、やることは山のようにありました。成田生産組合は当時50人ほどの生産者グループでしたから、畑といっても膨大なものがあるのです。

畑作業の合間には鶏の世話もありました。夜は鶏の卵拾いが待っていました。拾った卵は一つひとつ丁寧に拭いて出荷に備えるのです。

寝るのは早くて12時過ぎ。深夜2時近くになることもありました。

昼寝時間は多少ありましたが、本当にきつかった。最初の数カ月は「もうダメだ」と何度も挫折しかかりました。帰ることばかり考えていました。

当時の私からすれば、農家の人たちはまさに「超人」でした。農家の人も、私と同じ生活をしているのです。それは裏を返せば、自分のひ弱さの証明でもありました。

それでもしばらくすると、その生活にも慣れてきました。

また、最初はよそ者という感じがありましたが、だんだん生産者のみなさんともなじんできて、夜な夜な日本の農業を、そして世の中をどう変えようかと激論を交わす輪の中にも入れるようになりました。

気分はまるで幕末の志士でした。そうやって自然栽培を肌で学んでいったのです。

「一般栽培」「有機栽培」「自然栽培」の違い

私をここまで駆り立てた「自然栽培」とはいったいどんなものか。ここで簡単に説明しておきたいと思います。

自然栽培というのは、農薬も肥料も一切使わない農業のことです。

農薬を基本的には使わない「有機栽培」「有機野菜」は誰もがご存じかと思います。

有機栽培とは一定の農場で3年間以上、有機肥料を使って栽培したものをいいます。農薬はJAS認定のものは使用してよいが、それ以外は使用しません。これについては、あとから述べます。

一般的に、肥料には「化学肥料」と「有機肥料」があります。

化学肥料は化学的に合成したり、あるいは天然物を原料としてそれを加工して製造します。一方、有機肥料というのは動植物の肥料で、堆肥《たいひ》、動物の糞尿《ふんにょう》などからつくられます。

有機栽培においては通常、有機肥料が使われます。

では、なぜ肥料が必要なのでしょう。

畑で作物をつくるということは、土壌からその分の栄養素が減るということで、収穫を続ければ次第に土地がやせ、いずれは作物が育たなくなる。それを避けるために肥料が必要である。これが従来の農学の基本的な考えです。おそらく多くの方も、そのように思っているのではないでしょうか。

ところが自然栽培では、その肥料（有機肥料も含む）を一切使わないのです。

なぜ農薬だけでなく肥料も使わないのか

農薬をできるだけ使わないほうがいいというのは誰でも理解できることでしょうが、なぜ肥料まで使わないのか。

「一般栽培」「有機栽培」「自然栽培」

農業	肥料	農薬	野菜
一般栽培	化学肥料	化学合成農薬	腐る
有機栽培	有機肥料	なし、 またはJAS認定の 31種類の農薬	腐る
自然栽培	なし	なし	枯れる 発酵

自然栽培では、肥料こそが野菜が虫や病気におかされる原因だと考えるからです。化学肥料であろうと有機肥料であろうと、人為的に施された肥料こそが、自然の摂理を壊してしまっているのです。

自然界を眺めてみれば、木々や草花は肥料など何もないのに成長しています。森では誰の手も借りなくても果物がたわわに実り、その営みは人類の生まれる前からずっと繰り返されてきました。

自然はそのままで調和がとれているのです。自然のものは、どんな条件であっても自活できる力をもっているのです。

病気になって腐っている森や、虫に食われて丸裸になった草原を見たことがあるでしょうか?

極端にいえば、人間が手をかけた田畑だけが、病気になったり虫に脅かされているのです。肥料を使うから、虫や病気にやられ、それを食い止めるために農薬を使わざるを得ないのです。

人間がよかれと思ってやっていることは、じつは自然界のバランスを崩していることにほかならないのです。

1本の大根が教えてくれたこと

自然栽培は「大自然の摂理に学ぶ」というところからスタートしています。

本来、自然はそれだけで完璧に調和がとれていて、植物にはその調和の中で、「自活」できる力が備わっているのです。野菜や果物とて例外ではありません。

「自然のままの姿に戻すことができれば、虫や病気の害を受けにくい健全な野菜や果物を育てることができる」というのが自然栽培の発想です。

しかし、いきなり種をまいて肥料も農薬も使わずに育てればいいのかというと、そうではありません。それまで農薬や肥料が使われていた畑には、それらが残存しているからです。

そこで、まずは肥料や農薬を、土壌から抜く作業から始めなければなりません。

さらに「種」に対しても、同様の作業が必要です。

現在流通している種はほとんどが肥料を使って育てられたものであり、また病虫の害を防ぐためにあらかじめ消毒されています。こうしてつくられた種子は、農薬や肥料を使うことを前提にされたものなのです。

当時の成田生産組合は、土壌や種子を本来の自然のままの姿にするために試行錯誤していました。

土から農薬や肥料を抜くことを「清浄化」といいますが、それは簡単にできるものではありません。長年投入した肥料が土から抜け切るには、それなりの時間が必要です。それも清浄化は、ある日一気に起こるのではなく、徐々に進むものなのです。

私がお世話になった当時は、成田生産組合が自然栽培に取り組みはじめて5年ほどたったときでしたが、清浄化が進んだ畑では大根、ニンジン、サツマイモなど、虫や病気の害に負けない野菜が育っていました。

はじめて自然栽培の大根を見たときは、意外な感じがしました。土の上に出ている葉っぱは一般栽培の大根と比べると色が薄く、葉もまばらで、正直いってひ弱な感じがしたのです。

ところが1本抜いてもらってみると、その大根は地上に出ている葉の部分より長く、やや細身ではあるものの、しっかりした出来映えです。虫のはったあともほとんどなく、病気にもやられていません。

これが、肥料も農薬も使わない、自然栽培というものなのか――。

1本の大根に、私は限りない可能性を感じました。

自然の織り成す奇跡のアート

修行期間中、ある生産者のナス畑がアブラムシにやられたことがありました。アブラムシが発生してしまうのは、土の中に肥料がまだ残存している証拠です。アブラムシなどの害虫は、その肥料成分に引き寄せられてくるのです。

普通なら農薬などの措置を施したいところではありますが、ここが我慢のしどころです。

生産者は私にこういいました。

「雷さんが鳴れば、不思議なことが起こるぞ」

季節は夏。案の定、夕立とともに激しい雷が辺り一面にとどろきました。

翌朝、透き通るような空のもと、ナス畑を見渡した私はあっと声を上げました。アブラムシが一匹もいなくなっているのです。よく目をこらして見てみると、アブラムシの残骸らしきものがあちこちに落ちています。

人知を超えた自然の底力を見せつけられた思いでした。

田んぼでも不思議な現象が起こりました。ウンカという稲の害虫が出てしまったのです。これも、かつて投入した肥料が清浄化できていない結果です。

しかし、生産者は落ち着き払ったもので、私に「明日の朝、すごくきれいなものが見られるから」というのです。

はたして翌朝見に行くと、そこに私が見たものはキラキラ輝く田んぼでした。キラキラの正体は何かというと、クモの巣だったのです。朝もやの中で太陽の光を浴びて、クモの巣がキラキラ光っていたのです。

そしてクモはウンカをほとんど食べていました。自然の起こした奇跡のような現象に、私は言葉を失いました。

自然の摂理の中では、私たちの想像をはるかにしのぐ何かが起こっている。大自然の中では、私たち人間はあまりにも非力です。私たちにできることは、自然の仕組みを尊重し活用することではないのか……。

自然から学ぶという姿勢を、私たちはいつの間にかどこかに忘れてきてしまっていることに、このときつくづく思いいたったのです。

野菜の引き売りをスタート

自然栽培の話が続きましたが、私の農業修行の話に戻しましょう。

手持ちの30万円が底をついた私は、東京に戻ることになりました。そしてローンで中古のトラックを購入し、自然栽培の野菜の引き売りを始めました。

時は1984年。姉の死から10年、私は26歳になっていました。

自然栽培の野菜を広めたい！　理想に燃えて始めた引き売りでしたが、その夢はすぐに無残に打ち砕かれました。がむしゃらに町を徘徊して、声を張り上げても、まったくお客さんが来てくれないのです。

それも当然でした。トラックの荷台には野菜がぽつんと4、5種類。八百屋というのは、「八百」という字が示すように、いろいろな種類の野菜を売るからこそ、この名前がついているそうです。それからすれば、私のはさしずめ「四五屋」。あるいは「八百屋ごっこ」のレベルでした。

当時は食の安全ということに対して世間の関心もまだ高くなく、有機野菜はまだしも、

「自然栽培」などという言葉を知っている人は皆無に等しいものでした。

おまけに当時の私は人前でしゃべることが大の苦手で、自然栽培の素晴らしさを上手に説明することもままならない状態でした。

世はバブルの絶頂期で、世の中には景気のいい話があふれかえっていました。友達はみんなそれなりの会社に入って、ボーナスがいくらだったとか、彼女とどこそこに遊びに行ったとか、人生を謳歌している様子です。

それにひきかえ、自分はいったい何をやっているのか……。

親は私のこのザマに怒らないはずがありません。姉が亡くなっているのだから、長男の私がしっかりして、きちんとした仕事について落ち着いた生活をしてほしい。それが親の願いだったと思います。

それが、百姓の真似事を始めたかと思うと、帰ってきてトラックで大声を張り上げて野菜を売りはじめるなんて、想定外もいいところだったでしょう。「頼むからうちの近くでは売ってくれるな」ときつく言い渡されていました。

完全に人生の落伍者の気分でした。

このままでは食べていくこともできない。まして結婚など自分には一生無理なことだと思っていました。孤独でした。

そして本当にお金がなかった。

生産者への支払いが滞ることもよくありました。給料が出るはずもなく、売れ残った野菜で食いつなぐ毎日でした。

木陰で泣いた日々

当時、毎日トラックで駒沢公園を通っていたのですが、つらくてどうしようもないときは、ここに入って木陰に腰を下ろし、人知れず思いっきり泣いていました。

週に一度はそうやって泣いていました。本当は毎日泣きたい気分でしたが、泣いてばかりいては仕事にならないから、週に一度と決めていたのです。

そんなとき、決まって思い出すのは姉のことでした。

姉は生きていたかったのに、生きられなかった。それに比べて自分はどうなのだ。こうして生きているではないか。無理にでもそう思い込んで自分を奮い立たせ、またトラックに乗り込んで売り歩くのです。そんな期間が2年以上も続きました。

しかし、不思議にやめてしまおうとは思いませんでした。

ここでやめてしまったら、16歳のときに「健康に生きる」と決めた、あの思いがムダになってしまうからです。苦しかったけれど、志だけは捨てませんでした。

あのとき支払いを待ってくれた生産者は、いまでも大切な恩人です。

もちろん、買ってくれる人への感謝の気持ちは並大抵ではありませんでした。最初に買ってくれた人の顔や表情は、いまだに忘れることができません。感謝する気持ち、とりわけお客さまへの感謝の気持ちがなくなれば、サービス業は終わりだと思っています。

ナチュラル・ハーモニーの小さな船出

「こんな少ない種類ではお客さんはつかないわよ。もっと買う側のことも考えて」

あるとき親切なお客さんから、このようなアドバイスを受けました。

そこではっと気づいたのは、私は自分の伝えたいことしか考えていなかったということです。消費者の「ニーズ」という概念が、自分にはすっぽり抜けていたのです。

ニーズがあれば何でもいいというわけではありませんが、こちらの思いを相手に伝えられるようになるまでは、ニーズを受け入れることも大切だと思いました。

大いに悩んだ末、ついに私はひとつの決意をしました。自然栽培だけにこだわるのではなく、有機野菜も取り入れてもっと品目を増やす努力をしなければいけない、と。

有機栽培は前述のとおり、主に動物性の肥料を入れる農法です。有機肥料といえども、肥料を使う農法ですから、心の中では大変な抵抗がありました。しかし「肥料がない」という概念だけでいくことを捨て、「農薬がない」というところでやることに決めたのです。

日本各地を回り、手探りで有機栽培の生産者を探しました。

私にとって大きな出会いとなったのは茨城県で有機農業に取り組んでいる「エコー有機農法研究会」（現エコーたまつくり）でした。彼らは若造の私を認め、応援してくれたのです。

これをきっかけに、有機栽培をしている生産者の方々とのネットワークづくりが進み、少しずつではありますが、品数が増えていきました。トラックの荷台がにぎわうとともに、売り上げも少しずつ伸びてきました。

そんな折、世田谷のお米屋さんが店舗の一角を貸してくれたのです。3坪ほどの小さなスペースでしたが、「ナチュラル・ハーモニー」の船出でした。

野菜の引き売りを始めて3年目のことでした。

熊谷喜八さんとの出会い

そんな中、とある方から南青山に無国籍料理のレストランとスーパーをオープンさせたいから話を聞きたい、と連絡がありました。

いまではすっかり有名になられた「ＫＩＨＡＣＨＩ」の熊谷喜八さんでした。

そのレストラン、スーパーはいまでいうＬＯＨＡＳ的感覚の店舗ですが、当時はそのような概念はなく、喜八さんも手探りの状態だったと思います。

私は情報提供のつもりで、もっている知識をすべてお伝えしましたが、話が進むうちに「食材を卸してくれないか?」と提案されたのです。

当時は、とてもそんな大量注文に応じられる自信がありませんでした。

「そういうことなら、有機をやっているところはほかにもいろいろあります」という私に、喜八さんは「なぜ君は自分がやろうとしないのか?」というのです。

私は「僕らには力がない、収穫量の面で安定供給ができない。やりたいけれどもお約束できないのです」と答えました。

するとき喜八さんは「僕も無国籍料理という世界をはじめて手がけるのだから、立場は一緒。品目が安定しなくても構わない！　一緒に成長していこう」とおっしゃってくださったのです。自然栽培や有機栽培の農産物を一般のレストランに卸すのは、うちがはじめてだったように思います。

喜八さんがうちを採用してくださったのは、「無農薬」とか「自然栽培」とか、そういう次元の前に、「うまい！」という理由からではなかったかと思っています。

それにしても20年以上前からこうしたことを発想し、実際にやったわけですから、大変な先見性だったと思います。

そしてこれがきっかけになり、うちはかなり進歩、成長できたのです。

木村さんのリンゴの衝撃

ナチュラル・ハーモニーはその後、店舗数を増やし、宅配も手がけるようになりました。これで直営店に来ることのできない全国のみなさんにも、自然栽培の野菜を届けられるようになったのです。

店が軌道に乗るにつれ、新たな問題も出てきました。

品数・種類を増やしていきたいところですが、本格的に自然栽培に取り組んでいる生産者が探せないのです。もちろん成田生産組合にはずっとお世話になっていますが、さすがにそれだけでは品数も期間も限られてしまいます。

そんなときに出会ったのが、いまではすっかり有名になった、リンゴの自然栽培に成功した木村秋則さんでした。

自然栽培のリンゴとの出会いはまったくの偶然でした。あるとき、うちのスタッフが物産展に行って、「無農薬のリンゴがあったから」と買ってきたのです。

「無農薬のリンゴ……!?」

虫に弱いリンゴを育てるのがどんなに大変かは知っていましたから、「無農薬のリンゴ」があるとは信じられませんでした。

そのリンゴを一口かじった衝撃は忘れられません。

甘みはもちろん、のどに染み入るような食感は、いままで食べたリンゴではまったく味わったことのないものでした。

食べ終えてからがまたビックリ。このリンゴには芯がないのです。すべてが果肉だったのです。

驚きはさらに続きました。

2つめのリンゴをかじりかけ、用事ができたので、しばらくそのままにしてしまい、あとからまた食べようとしたところ、なんとかじり口がみずみずしく、フレッシュなままなのです。普通なら、かじったところから茶色く変色するものです。この驚きと感動は忘れられません。

「日本の農業を変えていこう！」

それからしばらくして、私は木村さんに会うべく青森に飛びました。

面会を前に、いやでも緊張せざるを得ませんでした。

「あの人は流通業者嫌いで有名だから。気に入らなかったら、家にも上げてもらえないからそのつもりで」

間に立ってくれた人から、そう聞かされていたからです。

しかし木村さんを一目見た瞬間、不安も緊張もすべて吹っ飛びました。穏やかな風貌と満面の笑みに迎えられ、もうずいぶん前からの知り合いだったかのような錯覚を覚えたほどです。

「病気や虫の被害を受けずにリンゴをつくれる秘訣は何ですか？」

私の関心はその一点でした。どんな方法で不可能といわれたリンゴの無農薬栽培を成し遂げたのか……。

「肥料を入れないからだよ」

木村さんの答えに、私は「やっぱりそうか！」と感激しました。

最も難しいとされるリンゴで自然栽培を成功させたのだから、ほかの作物でもできないものはないはず……。自然栽培を推進するうえで大きな勇気と確信を与えてもらいました。

その後、木村さんと私は「日本の農業を変えていこう！」と二人で全国行脚を始めたのです。

簡単な道のりではありませんでしたが、一人、二人と賛同者が出始めました。

第2章

日本の野菜がダメになった理由

「農薬」と「肥料」の使用実態

日本の野菜は農薬まみれ

左の表は、ＯＥＣＤ（経済協力開発機構）の発表した各国の肥料・農薬使用量のデータです。耕作地面積あたりの農薬使用量は、日本が韓国に次いで第2位です。

気象条件やつくっている作物によっても農薬の使用量は違うので一概に比較はできませんが、日本がいかに「農薬大国」であるかがおわかりいただけるでしょう。

また２００８年のＯＥＣＤのレポート〝OECD（2008）, Environmental Performance of Agriculture since 1990 : Main Report, Paris France〟（ＯＥＣＤ（２００８）１９９０年以降の農業の環境パフォーマンス：メイン・レポート、パリ、フランス）によれば、日本の農薬や肥料使用、栄養過剰の数値はＯＥＣＤ標準よりも高いという報告がされています。

OECD加盟国の肥料・農薬使用量（上位10カ国）

肥料消費量（窒素・リン酸・カリウムの合計）上位10カ国※

	国名	消費量（t）	耕作地面積あたり（t/km²）
1	アイスランド	17,674	252.49
2	オランダ	565,761	57.73
3	アイルランド	561,172	46.11
4	韓国	722,407	39.61
5	日本	1,692,782	36.08
6	ベルギー	282,412	32.57
7	ニュージーランド	1,053,926	30.94
8	イギリス	1,660,415	28.75
9	オーストリア	323,430	22.26
10	スイス	91,420	21.06

※2005年

農薬消費量上位10カ国※

	国名	消費量（t）	耕作地面積あたり（t/km²）
1	韓国	23,910	1.31
2	日本	59,565	1.27
3	オランダ	10,740	1.10
4	ポルトガル	16,346	0.86
5	ベルギー	6,943	0.80
6	イタリア	81,450	0.79
7	イギリス	24,305	0.42
8	フランス	71,700	0.37
9	スイス	1,359	0.31
10	ギリシャ	10,320	0.27

※韓国（2004年）、オランダ（2007年）、ポルトガル（2005年）以外は2006年
（出典）OECD Environmental Data Compendium 2008 (Agriculture) より作成

日本の農薬使用量の水準が高いのは、「土地や労働者への圧力や温暖湿潤気候によることがあげられる」と指摘されています。

またこのレポートでは、同時に「肥料の過剰使用」も問題視されています。レポートには「過去15年以上、過剰リンは減少しているが、日本はOECD加盟国の中で、農地1ヘクタールあたりの過剰リンの値が最も高い。それはOECD平均を上回りほぼ5倍である」とされています。ちなみにリンというのは、後述するように肥料の主成分のひとつです。

日本においては、これだけの農薬と肥料を使わないことには「商品」として価値のある作物をつくり出せないという現実があるのです。

ひとつには、日本人は食べ物の形状や品質にうるさいという特徴があります。

スーパーの野菜は、形がみんなそろっていてきれいです。一匹でも虫がついていていたら、大変な騒ぎになるでしょう。そのために農薬を過剰に使用しがちになるのです。

しかし、このような日本人の過剰な品質意識うんぬんを差し引いても、現在の農地はどうしようもない状況に陥っているのです。

なぜ大量の農薬が必要なのか？

なぜ、それほど大量の農薬をまかなければならないのか。

それほど土にも野菜にも、虫と病気が蔓延した状態になっているからです。

毎年クリスマスの時期になると、ケーキ用のイチゴが売り出されます。あのイチゴにはどれだけの農薬が使われているかご存じでしょうか。

イチゴは栽培期間が長く、菌や虫に弱いので、収穫期間中に平均60回近くも農薬を散布します（ただし農薬の使用回数というのは、1種類ごとにカウントします。2種類の農薬を一度にまいたときは1回ではなく、2回ということです。農薬は複数のものを一度にまくことが多いので、実際にまいた回数とは一致しない場合があります）。

そもそもイチゴの旬は春先です。それを無理やり冬に出荷できるようにつくるのですから、さらに多くの農薬が使われます。

しかもイチゴは皮をむいたり、ゆでたりせず、そのまま食べるものです。

以前、イチゴ農家の方が「イチゴの表面をむいて食べている」という記事を読んだことがあります。農薬の害をいちばん知っているのは生産者なのです。

ビニールハウスでイチゴに農薬を散布するとき、生産者は防除用の作業服、防毒マスク、保護メガネ、ゴム手袋、ゴム長靴など、まさに完全防備で入ります。

ビニールハウスの中はクスリの逃げ場がありませんから、ここまでの重装備をしないと自分の健康に害が及ぶのです。

キュウリも事情は同じです。

キュウリも生で食べるものであり、しかも皮をむく人はあまりいないでしょう。しかしその「裏側」では、農薬が大量に使われているのです。

露地物（ビニールハウス栽培でなく、自然な環境で育ったもの）の場合、収穫前の数日間を除き、毎日消毒のために農薬を使う生産者もいるといわれます。キュウリの栽培日数は種まきから収穫までの日数は一般的に2カ月強ですが、その間、50～60回農薬をまくわけです。

57ページの表は、宮崎県における標準的な栽培における農薬の使用例です。

促成栽培とはビニールハウスや温室などで、温度や日照量を調整して早く育てる栽培方法です。キュウリが50回、ピーマンは62回、ナスにいたっては74回という、とんでもない回数の農薬が使われています。これが実態なのです。

お茶の農薬も深刻です。

お茶は通常、殺虫剤や殺菌剤などの農薬を平均20回以上も使ってつくります。

しかしお茶の場合、普通に農薬を散布しても雨が降ると流れてしまいます。そこでどうするのかというと、「粘着剤」とか「貼着剤」と呼ばれる薬剤を農薬に混ぜて、農薬が流れないように葉に貼り付けるのです。

お茶は収穫したあと乾燥・選別して出荷されますが、この工程で農薬を洗い流す作業はありません。

しかも、お茶を入れるときに茶葉を洗う人はいません。一番茶など、農薬がいちばん多く溶け込んでいることになります。本当に大丈夫なのか心配になります。

玉露のように高いお茶もありますが、高いからといって、いいお茶とは限らないのです。

肥料と農薬の悪循環

キュウリやイチゴは土の表面に出ているものですが、では土の中に埋まっている作物であれば、散布する農薬の被害を受けないのでしょうか。

ピーマン（露地栽培）	55	32
ピーマン（促成栽培）	60	62
ししとう（露地栽培）	45	34
ししとう（促成栽培）	60	40
トマト（雨除け栽培）	30	46
トマト（促成栽培）	35	62
ナス（露地栽培）	45	36
ナス（促成栽培）	55	74
カボチャ（促成栽培（黒皮））	46	68
オクラ（早熟）	28	22
アスパラガス（雨よけ）	58	26
深ネギ（春まき冬どり）	26	18
青ネギ（春まき）	23	31
しょうが（半促成栽培）	40	28
にんにく（普通）	20	9
スイートコーン（トンネル早熟）	42	10
きんかん（露地栽培）	30	16
イチゴ（促成栽培）	25	60

（出典）宮崎県農政水産部営農支援課のHPより作成

宮崎県農作物栽培慣行基準

（2009年5月29日現在）

作物名（栽培方法）	化学肥料の窒素成分量（kg /10a）	化学合成農薬の使用成分回数（回）
大豆（秋作）	2	14
茶	50	16
ごぼう（春まき）	22	16
さといも（普通（中生））	20	12
ジャガイモ（春作・露地栽培）	17	10
大根（青果）	25	10
タマネギ（早出し）	23	12
ニンジン（夏まき）	25	14
キャベツ（夏まき）	25	24
白菜（冬春どり）	30	14
ブロッコリー（夏まき）	30	26
ほうれん草（夏まき1作目）	15	10
小松菜（露地栽培）	15	8
大葉（施設）	50	16
ニラ（促成・露地栽培、第1回収穫まで）	40	16
枝豆（露地栽培）	7	12
キュウリ（露地栽培）	50	42
キュウリ（促成栽培）	60	50

そんなことはありません。ジャガイモで考えてみましょう。

まずは種いもの消毒から始まります。

種いもを畑に植えると、次は「除草剤」をまいて雑草を枯らします。その後、「殺菌剤」「殺虫剤」を10回前後散布します。収穫時期になると、ジャガイモの葉や茎を枯らして機械で収穫しやすくするために、「枯凋《こちょう》剤」という薬品を使います。

土中の野菜も使われる農薬の回数は、半端なものではないのです。

タマネギを集荷して箱詰めをする人は、必ず手袋をして作業するそうです。素手で行うと、手が荒れてボロボロになってしまうからです。皮についている農薬のためです。

大根も土中で育ちますが、これにも農薬が使われます。

スーパーで見かける大根は、だいたいが肌が真っ白できれいです。

じつはあの白い肌は農薬のなせるものなのです。というよりも農薬を使わなければ、あのようなきれいな肌目にはなりません。

肥料に頼り切った大根は、必ずといっていいほど「線虫」の被害にあってしまいます。線虫ははって皮を食べますから、あとが残ります。これを退治するために行われるのが、「土壌消毒」なのです。

土壌消毒は「土壌消毒剤」を使いますが、これも農薬の一種で、種子をまく前に土に打ち込みます。すると、土中の虫や微生物は「皆殺し」状態となります。虫が全滅するぐらいですから猛毒です。農家ではこれを打ったあとは、子どもが絶対に畑に近づかないようにするのが常識とされています。

注意して地方の新聞を読んでいると、「登校中の子どもが倒れた」という記事を見かけることがあります。土壌消毒剤の中毒です。

土壌消毒剤について、岐阜県で自然栽培に取り組む稲倉哲郎さんは「この薬剤を使うときはマスクをしていても涙が出るほど苦しく、吐き気を催しながら作業していた」とかつてのことを語っています。

私は、この土壌消毒剤こそが、日本の農業をダメにした元凶と思っています。

しかし、土壌消毒剤を使わないでつくられた線虫のはった大根、表面の削られたサツマイモは誰も買わないという現実があります。

苦悩の「裏側」を抱えながら、今日も土壌消毒剤は使われています。

照射ジャガイモの恐怖

ジャガイモは収穫後も長くもつ野菜ですが、発芽してしまうと養分が吸い取られ、中身がブヨブヨになってしまいます。また発芽には「ソラニン」という有毒物質が含まれています。

これでは売り手も買い手も都合が悪いとのことで、始められたのが「放射線照射」です。放射線を与えると発芽を防ぐことができるので、保存性が非常によくなり、流通に便利なのです。

しかしながら、食べ物に放射線を照射するということに対して抵抗を感じる人は少なくないはずです。一時期は社会問題にもなり、報道もされるなどして数は激減しましたが、最近はまた出回っているようです。

芽が出ないということは、「食品」として考えれば大変便利なことではあります。しかし「植物」ということで考えれば、これは細胞を殺し、野性の生命を絶つ行為です。食べるという行為は「生命」をいただくことだと巻頭に述べました。

芽の出ないジャガイモに「生命」としての期待ができるのでしょうか。とてもそうは思えません。

「生命」としての期待ができない「工場野菜」

最近、「工場野菜」が流行しているようです。

完全屋内施設で人工照明を使えば、24時間好きなだけ作物に光を照射できます。これにより「光合成」がより活発に促進され、「日照不足」の心配もなくなるというわけです。

屋内工場だから台風の心配もなく、気温、湿度も空調で完璧に管理できます。

養分の消化吸収も「水耕栽培」にして液体肥料を注入します。栄養のかたまりを根っこからダイレクトに吸収させれば、一気に肥大化が実現するわけです。もちろん虫がつくはずもなく、農薬をまく必要もありません。

一年中収穫ができ、値段が安定していて、土を一切使わないので見た目にもきれいで清潔と、いいことづくめのように見えます。現在、レタス、サラダ菜、トマトなどが工場野菜として出回っているようです。

もしあなたが「無農薬の工場野菜」と「農薬を使ってつくられた露地栽培野菜」のどちらかを選ばなければならないなら、どちらを選びますか？

私だったらメリット、デメリットを理解したうえで、迷うことなく「農薬を使ってつくられた露地栽培野菜」を選びます。

野菜というのは、「日（太陽）」と「水」と「土」のエネルギーによって育つものです。野菜に限りません。地球上のすべての生命は、この「日」「水」「土」の恩恵を受けて生きているのです。

土の絡まない工場野菜は、自然から最も離れた栽培法としか私には思えません。

モヤシも工場野菜の一種になるのですが、それなりに日本の食文化に入り込んでいるので否定はしませんし、実際ナチュラル・ハーモニーでも取り扱いをしています。

ただ、モヤシと野菜とでは、それぞれのもつ意味が違うと私は思っています。つまりモヤシは本来の野菜の位置づけではないと考えているのです。

工場野菜は「効率化」の権化です。たしかに農薬を使わないわけですから、「安全」とはいえるのでしょう。しかし本当にそれでよいのでしょうか？　無農薬ならばそれでいい、安ければそれでいいのでしょうか？

「生命」としての期待のできない食べ物を食べて、それで自分の命が紡げるでしょうか。食べてはいけないということではありませんが、そこに思いを寄せてから食べ物を選んでほしいのです。

あなたは工場野菜を本当に望みますか？　もっといえば、それを食べたいと思い、継続して買い支えますか？　それは選挙と同じぐらい、重い一票となるのです。

「特別栽培農産物」の裏側

スーパーで売られている野菜にこれほど農薬が使われているのであれば、なるべく農薬の使われていないものを選びたいと思うのが普通でしょう。

最近ではスーパーにも、「安全・安心コーナー」を見かけるようになりました。そこでは「特別栽培農産物」「有機野菜」が並んでいます。

有機野菜についてはまたあとで触れるとして、「特別栽培農産物」とはどんな野菜なのか、検証してみましょう。

特別栽培農産物というのは、農薬の使用回数・化学肥料の使用量において、どちらもそ

ジャガイモ	秋穫	7回	7.5kg /10a
大根	露地	8回	11.0kg /10a
ほうれん草	秋冬穫（10～2月播種）施設・露地	3回	10.0kg /10a
ほうれん草	春夏穫（3～9月播種）施設・露地	4回	10.0kg /10a
白菜	秋冬作	15回	18.0kg /10a
さといも		5回	13.0kg /10a
小松菜	周年、施設・露地	4回	7.0kg /10a
ブロッコリー	秋冬穫	7回	16.0kg /10a
サツマイモ		5回	2.5kg /10a
ナス		15回	25.0kg /10a
カボチャ		10回	9.0kg /10a
キュウリ		14回	15.0kg /10a
サヤエンドウ		7回	7.0kg /10a
枝豆		6回	5.0kg /10a
スイートコーン		5回	15.0kg /10a
ミズナ		5回	14.0kg /10a
オクラ	露地、普通	5回	12.5kg /10a
チンゲンサイ		7回	7.5kg /10a
スイカ		10回	12.5kg /10a
レタス		10回	10.0kg /10a
モロヘイヤ		4回	14.0kg /10a
さやいんげん		6回	10.0kg /10a
ごま		1回	6.0kg /10a
にんにく		10回	10.0kg /10a
ししとう		12回	25.0kg /10a
ニラ		7回	18.5kg /10a

（注1）品種・作型の指定があり、該当する場合は、その慣行レベルを適用します。特に指定のない品目、または空白のものについては露地栽培他全般を対象とします。指定の品種・作型に該当しない場合は、品種・作型区分の欄が空白のものを適用してください。
（注2）成分回数とは使用する農薬に含まれる成分の数を示します。ほ場での散布回数とは異なります。
（出典）三重県農水商工部農産物安全室のHPより作成

「特別栽培農産物に係る表示ガイドライン」(三重県の場合)

(平成20年8月現在)

品目区分	品種・作型区分(注1)	化学合成農薬使用成分回数(注2)	化学肥料使用量投入窒素量
水稲	コシヒカリ	8回	3.7kg /10a
小麦	農林61号	4回	6.5kg /10a
大豆		4回	3.5kg /10a
温州ミカン		14回	11.0kg /10a
中柑橘類		13回	21.0kg /10a
ウメ		7回	10.0kg /10a
ビワ		4回	15.0kg /10a
キウイフルール		7回	10.0kg /10a
カキ		11回	12.5kg /10a
ブドウ	大粒種ブドウ	23回	8.5kg /10a
ブドウ	小粒種ブドウ	18回	9.0kg /10a
いちじく		14回	10.0kg /10a
ナシ		26回	15.0kg /10a
茶	普通煎茶	10回	27.5kg /10a
茶	かぶせ茶	10回	32.5kg /10a
イチゴ	ポット促成	20回	9.0kg /10a
トマト		14回	14.0kg /10a
トマト	促成(8～10月播種、9～11月定植、7月収穫終了)	20回	16.0kg /10a
トマト	半促成(10～12月播種、12～2月定植、7月収穫終了)	16回	14.0kg /10a
キャベツ	秋(7～8月播種、10～11月中旬収穫)	11回	15.0kg /10a
キャベツ	冬(8～9月播種、11月下旬～2月収穫)	10回	14.0kg /10a
ネギ	ハウス	8回	10.0kg /10a
ネギ	露地	12回	15.0kg /10a
ニンジン	冬播(夏穫)	7回	12.5kg /10a
ニンジン	夏播(冬穫)	7回	10.0kg /10a
ジャガイモ	夏穫	7回	10.0kg /10a

の地域における標準使用回数の5割以下というものです。

かつては「減農薬・無化学肥料栽培農産物」とか「無農薬・減化学肥料農産物」などいろいろあって混乱していましたが、農林水産省の奨励により2004年に名称が統一されました。

では、特別栽培農産物は、安全性の高い作物なのでしょうか。

たとえば、ミカン1個の総農薬散布量はだいたいコップ1杯分といわれます。特別栽培農産物は5割以下ですから、コップ半分の農薬が使われています。

先ほど、キュウリに50回農薬を散布すると述べましたが、これを25回にすると特別栽培農産物となります。トマトも同様で、収穫までに40回から多くて60回農薬が散布されます。60回だとすると5割減は30回です。

これでは、いくら使用量を半減したとしても「五十歩百歩」にしかなりません。

65ページの表は三重県における特別栽培農産物の基準値ですが、これを見ても、決して少なくない回数の農薬や化学肥料が使用されていることが、おわかりかと思います。

しかしこうしたことは、スーパーの店頭ではわからないことなのです。

第3章

野菜を食べるとガンになる?

「硝酸性窒素」は大問題

あなたは「危険な野菜」を食べていませんか？

野菜は無条件に「体にいいもの」とされています。

とくに色の濃い野菜、ほうれん草、春菊、チンゲンサイなど、青物野菜は健康の源と信じられています。食事からでは足りないからと、青汁を飲んだり、野菜ジュースを常備したりしている人も多いことと思います。

しかし、誰もが健康にいいと思ってとっている野菜に、「発ガン性物質」を生成するものが含まれているといったら、どう思いますか？

ほうれん草、春菊、チンゲンサイなどの葉物野菜には、「硝酸性窒素」という成分が含まれています。これが問題なのです。

ここで少し言葉の解説をしておきましょう。

硝酸性窒素は「硝酸塩」「硝酸態窒素」「硝酸イオン」、あるいはたんに「硝酸」などと呼ばれることもあり、表記がバラバラです。

硝酸性窒素とは、硝酸塩を窒素の量で表したものです。この場合、硝酸性窒素も硝酸塩も言い方が違うだけで、同じものを指しています。

この表記がバラバラという点ひとつとっても、日本における硝酸性窒素の問題がいかに軽んじられているかを表しています。私たちは肥料の問題を訴えるためにも、「硝酸性窒素」という表記で統一しています。

硝酸性窒素はもともと人間の体に存在するもので、通常に摂取する程度では問題はありません。ところが過剰に摂取すると、健康に害のあることがわかっています(この過剰窒素が葉の色を濃くする原因であり、その正体こそが、人間の施す肥料の中心的物質「窒素肥料」なのです)。

ひとつは、硝酸性窒素が体内で肉や魚に含まれるたんぱく質と結合して、「ニトロソアミン」という発ガン性物質を生成してしまいます。

もうひとつは、メトヘモグロビン血症の発症です。

主に乳児に発生するもので、胃の中で硝酸塩が亜硝酸塩に変化し、これが血液中のヘモグロビンと結びついて「メトヘモグロビン」になります。このメトヘモグロビンは、酸素を運べません。血中にこのメトヘモグロビンが多くなると、酸欠に陥ったり、ひどいときは死亡する例もあるのです。

――赤ちゃんの突然死の原因は……？

この硝酸性窒素の健康被害は1980年代、あるショッキングな事件が起こったことから広く知られるようになりました。

アメリカで赤ちゃんが酸欠によって青くなり、突然死してしまう事例が起こったのです。その名も「ブルーベビー症候群」。

原因は、赤ちゃんに離乳食として色の濃い葉物野菜をすりつぶして与えたことや、硝酸性窒素の濃い水（井戸水）で粉ミルクをつくって与えたりしたことがあげられています。日本においては死亡例は報告されていませんが、WHOの調査では1945年から1985年のあいだに2000の症例と160人の死亡例が報告されています。

大人なら問題のない量でも、赤ちゃんには致命的になってしまうのです。

日本でもこんな事件がありました。2006年、鹿児島で放牧されている黒毛和牛が7月から3頭が急に死亡し、流産も続いているという事件です。この事件は2007年1月6日の『東京新聞』の記事にもなっています。

当時、雨の降らない時期が長く続き、牧草は枯れる寸前でした。そこへようやく恵みの雨が降り、牧草は緑を取り戻したのです。牛たちも牧草をムシャムシャ食べは

『東京新聞』2007年1月6日号の記事

じめたのですが、なんとその直後、次々と倒れて死んでいったのです。

この原因こそが硝酸性窒素です。

牧草を育てるために窒素肥料が与えられていたのですが、雨が降らなかったために地表近くで濃縮されていたのです。そこに一気に雨が降ったため、雨水に濃度の濃い硝酸性窒素が溶け出していったのです。

牧草はその硝酸性窒素の入った水を吸い上げ、そしてそれを牛たちが食べて死んでしまったのです。

基準値がなく、野放し状態

硝酸性窒素の危険性を、私たちはもっと認識すべきなのです。

危険な物質であるからこそ、WHOやEUでは基準値を設けています。EUの基準値ではほうれん草の場合、1キロあたり2500から3000ミリグラム未満とされています。

しかし、あとで述べる帯広消費者協会の調査（2005年発表）では、ほうれん草の硝酸性窒素は平均4000ミリグラムを超えているのです。

日本の野菜の硝酸性窒素含有量

(単位:mg/kg)

品目	厚生労働省データ	参考	
		英国のデータ(1999～2000年)	EUの基準値
ほうれん草	3560±552(9)	11～12月 2180–2560(2)【平均2370】 4～10月 25–3910(21)【平均1487】	10～3月　3000 4～9月　2500
サラダほうれん草	189±233(6)		
レタス(結球)	634±143(3)	施設 4～9月 937–3740(18)【平均2247】 10～3月 1040–4425(19)【平均3158】 露地 4月　775–1461(2)【平均1118】 5～8月 244–3073(26)【平均1045】 9月　308–2119(17)【平均1090】 10～12月 670–3000(11)【平均1348】	施設 4～9月　3500 10～3月　4500 露地 4～9月　2500 10～3月　4000
サニーレタス	1230±153(3)		施設　2500 露地　2000
サラダ菜	5360±571(3)		
春菊	4410±1450	—	—
ターツァイ	5670±1270		
青梗菜	3150±1760	—	—

(注1) 表中の値は硝酸イオンの値
(注2) 国立医薬品食品衛生研究所及び英国food standard agencyのHPより
(注3) データの欄の( )内は分析件数
(注4) 施設:温室内での栽培、露地:屋外での栽培
(出典) 農林水産省のHP

日本では農水省が「野菜等の硝酸塩に関する情報」を流していますが、硝酸性窒素の健康への影響を述べながらも、硝酸性窒素の摂取と発ガン性において必ずしも関連があるとはしておらず、「基準値を設定するのは適当ではない」としています。

しかしながら厚生労働省は、硝酸性窒素の「1日の摂取許容量」というのを定めています。20〜64歳、体重58・7キロの人で289ミリグラムです。

硝酸性窒素は野菜だけでなく、加工食品や水道水にも含まれますが、「水道水の水質基準」に硝酸性窒素の項目が設けられていて、これは1リットルあたり10ミリグラム以下となっています。

それなのに、硝酸性窒素の主要な摂取源となっている野菜には基準値がなく、野放し状態なのです。

そもそも日本において、野菜中の硝酸性窒素の健康被害について知っている人がどれだけいるでしょうか。

欧米の離乳食の本や育児書には「ほうれん草やブロッコリーなどの緑の濃い野菜は控えめにする」などの記載がよくあります。日本では、そんな注意はまず見当たりません。

野菜に含まれる硝酸性窒素が激増している理由

ところで、野菜に含まれる硝酸性窒素が、なぜいまになって問題になるのでしょうか。野菜は人類が長く食べてきた食べ物ですから、それほど危険なはずがないと思われる方も多いことでしょう。

ところが、現代の野菜には硝酸性窒素がとくに多くなっているのです。問題はそこにあります。

なぜ野菜の硝酸性窒素が増えているのかというと、その理由こそが「肥料」にあるのです。植物が育つための「三大栄養素」というのがあって、「窒素」「リン」「カリウム」がそれです。ほとんどの化学肥料には、この三大栄養素が配合されています。なかでも窒素は成長促進剤にあたり、大量に使われる傾向にあります。

肥料に含まれる窒素は、野菜に取り込まれると硝酸性窒素に変わります。とくに葉物野菜は、余計に与えられた硝酸性窒素を蓄えこんでしまう性質があります。よく「緑色の濃い野菜ほど健康にいい」といわれますが、とんでもない誤解です。

たとえば同じほうれん草でも、色の薄いものと濃いものがあります。自然栽培のほうれん草は緑が薄く、やさしい色をしています。ところが有機栽培、一般栽培の野菜はしっかり緑色が濃い。2つを比べると、緑が濃いほうがいかにも健康によさそうですが、その色こそが過剰に与えられた肥料(硝酸性窒素)によるものなのです。

これは、ほうれん草の話ばかりではありません。大根の葉、キャベツも同じように自然栽培は色がやさしく、その他の栽培のものは色が濃い。明らかな違いがあります。

もちろん品種によってもともと色が濃いものもありますが、単純に「濃い緑が健康にいい」という思い込みは改めるべきだと思います。

安全な葉物野菜を食べるポイント

野菜というと、どうしても「農薬」の問題ばかりがクローズアップされてしまいがちですが、硝酸性窒素も農薬と負けないぐらい大きな問題なのです。

前述の帯広消費者協会の調査では、残留農薬はほとんど問題がなかったものの、硝酸性窒素については一部の野菜でEUの基準値を大きく上回る量が残留していたとして、今後の監視を強めるとしています。

いずれにせよ、硝酸性窒素の残留に関して何の基準もない日本では、欧米の残留濃度基準を大幅に上回る野菜が平気で出回っているのです。野菜を買うときは、このことをしっかり念頭に置いて選ぶべきです。

硝酸性窒素の残留度は、野菜によって大きく違うのが現状です。

野菜の選び方はあとで述べますが、葉物野菜の場合はとくに「色の淡いもの」を選ぶことが大切です。同じほうれん草でも、産地・生産者が違うものをよく見比べると、色の違いがあるものです。色の濃いものは硝酸性窒素が多いと考えられます。

「ほうれん草なんてどれも同じような緑に見えるけど……」と思われるかもしれませんが、見比べる習慣をつけると、だんだん濃淡がわかってきます。

仮に色の濃いものしか手に入らない場合は、決して生のまま食べずに、ゆがいてから食べましょう。ゆでることで、硝酸性窒素の半分ほどは流出されるようです。

また、旬のものを選ぶということも大切です。

いまはキュウリもトマトも大根も、ハウス栽培されて一年中出回っていますが、季節はずれの野菜を育てるためには、余計に肥料が必要です。またハウス栽培の場合、肥料が雨で流れないこと、短期間で栽培されるため、光合成が足りなくなり（＝硝酸性窒素が消化されない）、硝酸性窒素の残留率は露地栽培の何倍にもなるといわれます。

そして、食べ方にも工夫が必要です。

硝酸性窒素は、体内で肉や魚のたんぱく質と結びついて「亜硝酸」から、発ガン性のある「ニトロソアミン」に変わると述べました。

だから肉や魚の付け合わせに、硝酸性窒素が多い野菜をとるのは要注意です。肉とほうれん草のバターソテー、魚のムニエルにブロッコリーなどという組み合わせは、「ガンを呼ぶ食事」とさえいえると思います。

よくお母さんが「お肉を食べたら、その分しっかり緑の野菜を食べるのよ」と子どもに言い聞かせている光景がありますが、子どもによかれと思ってしていることが、選ぶ野菜によってはまったく逆になっているのです。

肉を食べる場合は、とくに色の濃い野菜を付け合わせるのは避けることです。

硝酸性窒素は飲み水も汚染している!

硝酸性窒素の問題は、野菜にとどまらず環境問題にまで発展しています。肥料に含まれる窒素は、硝酸性窒素として野菜に取り込まれますが、すべてが取り込まれるわけではありません。残った分は空気中に放散され、CO_2以上に温室効果をもたらしたり、土中に残存して流出し、地下水にまで及びます。化学肥料であれ、家畜の糞尿《ふんにょう》による有機肥料であれ、過剰に投入された肥料は地下水を汚染してしまうのです。

地下水の硝酸性窒素汚染は、いま世界的に問題視されています。とくに飲料水の水源を地下水に頼る欧米では、深刻な問題となっています。

日本においては飲料水を主に河川水からとっているため、硝酸性窒素の地下水汚染についてはあまり問題視されてきませんでした。

しかし近年、農村地帯、茶栽培地帯において硝酸性窒素汚染が報告されるようになりました。これを受けて、環境省は平成11年2月に硝酸性窒素(および亜硝酸性窒素)を環境基準項目に追加し、平成11年度より水質汚濁防止法にもとづく常時監視を行うようになったのです。

同省による「平成20年度地下水質測定結果」によれば、4・4%の井戸において硝酸性窒素が基準量（10ミリグラム／リットル）を超えています（次ページの表）。これはほかの調査対象項目と比べても、最も高い数値となっています。

過剰な硝酸性窒素は、水質環境にも大きな影響を及ぼします。

湖や河川域の水質に窒素やリンが多くなると、「富栄養化」といってプランクトンが大量発生します。そのプランクトンを食べるアオコも、異常繁殖するようになります。

それらが腐ったりして水をにごらせ、水質を汚染してしまうのです。悪臭を放ち、美観を損ねるだけでなく、魚などの生態にも影響を与えます。

いま、琵琶湖、諏訪湖、霞ヶ浦など主要な湖において富栄養化が進んでいます。さらには東京湾、伊勢湾、瀬戸内海なども富栄養化による赤潮が発生し、水質汚染が問題になっています。

硝酸性窒素は、通常の浄水処理では除去できません。汚染された地下水を使用している水道では、そのまま水道水の中に含まれてしまうのです。

また硝酸性窒素は、煮沸や汲み置きなどで蒸発する物質ではありません。通常の浄水器

平成20年度 地下水質測定結果

項目	概況調査結果					(参考)H19年度 概況調査結果		
	調査数(本)	検出数(本)	検出率(%)	超過数(本)	超過率(%)	調査数(本)	超過数(本)	超過率(%)
カドミウム	2,871	4	0.1	0	0	3,160	0	0
全シアン	2,508	0	0	0	0	2,737	0	0
鉛	3,193	124	3.9	10	0.3	3,466	12	0.3
六価クロム	3,116	0	0	0	0	3,388	1	0.0
砒素	3,239	334	10.3	77	2.4	3,591	73	2.0
総水銀	2,944	2	0.1	2	0.1	3,233	5	0.2
アルキル水銀	545	0	0	0	0	683	0	0
PCB	1,685	0	0	0	0	1,732	0	0
ジクロロメタン	3,276	4	0.1	0	0	3,370	0	0
四塩化炭素	3,379	20	0.6	0	0	3,536	0	0
1,2-ジクロロエタン	3,120	1	0.0	0	0	3,198	0	0
1,1-ジクロロエチレン	3,337	10	0.3	0	0	3,567	0	0
シス-1,2-ジクロロエチレン	3,353	30	0.9	1	0.0	3,587	7	0.2
1,1,1-トリクロロエタン	3,473	38	1.1	0	0	3,635	0	0
1,1,2-トリクロロエタン	2,987	4	0.1	0	0	3,136	1	0.0
トリクロロエチレン	3,658	75	2.1	3	0.1	3,948	7	0.2
テトラクロロエチレン	3,660	96	2.6	9	0.2	3,938	12	0.3
1,3-ジクロロプロペン	2,799	0	0	0	0	2,883	0	0
チウラム	2,330	1	0.0	0	0	2,404	0	0
シマジン	2,391	0	0	0	0	2,471	0	0
チオベンカルブ	2,327	0	0	0	0	2,399	0	0
ベンゼン	3,238	0	0	0	0	3,396	0	0
セレン	2,624	31	1.2	0	0	2,830	0	0
硝酸性窒素及び亜硝酸性窒素	3,830	3,281	85.7	167	4.4	4,232	172	4.1
ふっ素	3,537	1,264	35.7	23	0.7	3,890	41	1.1
ほう素	3,140	1,010	32.1	9	0.3	3,289	6	0.2
全体	4,290	3,713	86.6	295	6.9	4,631	325	7.0

(注1) 検出数とは各項目の物質を検出した井戸の数であり、検出率とは調査数に対する検出数の割合である。超過数とは環境基準を超過した井戸の数であり、超過率とは調査数に対する超過数の割合である。環境基準超過の評価は年間平均値による。ただし、全シアンについては最高値とする。

(注2) 全体とは全調査井戸の結果で、全体の超過数とはいずれかの項目で環境基準超過があった井戸の数であり、全体の超過率とは全調査数に対するいずれかの項目で環境基準超過があった井戸の数の割合である。

(出典)「平成20年度 地下水質測定結果」(平成21年11月)環境省 水・大気環境局

でも除去できません。国家レベルでの対策が必要なのです。

『播磨国風土記』に見る肥料の始まり

いまの農業では、肥料を与えることが、しごく当然のこととされています。肥料なしに作物が育つわけがないと誰もが思っていることでしょう。

農業の歴史は1万年といわれています。しかし、その中で化学肥料や農薬が使われるようになったのは、ごく最近のことなのです。

日本の農業における肥料の始まりについては、奈良時代初期に編纂された国情報告書である『播磨国風土記《はりまのくにふどき》』に興味深い記述があります。

当時は水田に緑の草を敷きこんで土を育てていたらしく、いまの「植物の栄養源となるための肥料」という考え方はなかったようです。人糞肥料もまだ使われていません。

人糞が肥料としていつ使われるようになったかは定かではありませんが、肥桶の使用から鎌倉時代には使われていたと思われます。人糞を肥料にするのは、日本独自の文化だそうです。

牧畜が盛んだったヨーロッパでは、牛や豚、馬などの家畜の糞尿を発酵させた「厩肥《きゅうひ》」が広く用いられていました。このように肥料は最初、すべて自然から得られるもの、それも生物に由来するものでした。

生命をもつ動植物の体やその排泄物は「有機物」と呼ばれ、生命をもたない石や鉄などは「無機物」と呼ばれます。作物を育てるのは「有機物」だと思われていたのです。

この常識を覆したのが、ドイツのリービッヒという化学者が発表した「植物は窒素、リン酸、カリウムといった無機物によって生長する」という説です。

植物は土の中の有機物そのものではなく、有機物が微生物によって分解されてできる無機物を栄養素としていたのです。だとすれば、この3つの無機物を工業的に大量生産し、直接土の中に入れてやればいいということになります。これが化学肥料の基礎です。

化学肥料が大量生産されはじめたことは産業革命後、人口の急激な増加による食料不足にあえいでいたヨーロッパにとって大きな福音となりました。

日本で化学肥料が盛んに使われはじめたのは第二次世界大戦後のことです。日本を訪れたGHQのマッカーサー元帥が「人糞肥料を使っているとは日本はなんて不衛生なのだ。化学肥料に切り替えよ」と政府に迫ったのです。

化学肥料でつくられた野菜は「清浄野菜」と呼ばれ、近代化の象徴として広まっていきました。

それは同時に、大量の虫や病気との闘いの始まりでもありました。そのためにどんどん農薬が使われるようになったのです。

農薬の歴史を振り返ると

ここで農薬の歴史についても簡単に振り返ってみましょう。

農耕の始まり以来、虫を防ぐためのさまざまな工夫がされてきました。たとえばギリシャ・ローマ時代には、殺虫効果のあるバイケイソウや毒ニンジンの抽出液が散布されていました。

日本においては1600年、現在の島根県において松田内記という人が、樟脳《しょうのう》やトリカブトを使った日本最古の農薬を開発したとされています。

その後も、蚊取り線香に使われる除虫菊や、硫酸銅に石灰を混ぜた「ボルドー液」などが発見され、これらはいまでも使われています。自然栽培のリンゴの木村さんも、以前はボルドー液を使っていたそうです。ボルドー液は強いアルカリ性ですから、手が荒れてボロボロになってしまったといいます。

化学薬品を使った農薬が使われはじめたのは20世紀に入ってからです。1938年には「魔法の白い粉」と呼ばれた「DDT」が、ついで「BHC」「パラチオン」といった非常に毒性の強い殺虫剤が開発されました。

これらは日本でも第二次大戦後の食糧難の時代に、大きな役割を果たしました。

しかし1962年、アメリカの海洋生物学者レイチェル・カーソンが『沈黙の春』(新潮文庫)でDDTの害を訴え、全世界に警鐘を鳴らしました。

その後、有毒化学薬品・農薬の害が広く認知されるようになり、DDTやBHCなど毒性の強い農薬は全世界的に禁止されるようになったのです。

日本でも1971年に農薬取締法が大きく改正され、DDT、BHCなどは禁止されました。この年は日本有機農業研究会が設立され、化学の力に頼らない昔ながらの農法、いわゆる有機農業が復活した年でもありました。

虫が来るのは硝酸性窒素のせい

よく有機農家の人たちが「虫が食うほど俺の野菜はうまい」といいます。しかし一般栽培の大根だって、農薬を使わなければ虫だらけになってしまうのです。

実際にはうまい、まずいは味覚・感性の問題であって、虫が来る来ないとは関係ないのです。

いまの野菜は、もし農薬を使わなければ発芽したときにすぐに虫に食われてしまう、ひ弱な野菜です。いや、発芽の前に、種の段階から虫にやられてしまうでしょう。それをなんとか農薬の力で虫を退治して、延命させているのです。農薬の力が切れたらそれまでです。

では、虫が来るのはなぜか。虫が来るのには、きちんと意味があります。

その理由こそが「硝酸性窒素」にあるのです。

野菜の緑は、硝酸性窒素によって濃くなると述べました。

肥料として大量の窒素を使うと、野菜には硝酸性窒素が多量に含まれます。これをめがけてやってくるのが虫なのです。極端にいえば、虫は硝酸性窒素を食べに来るのです。硝酸性窒素こそが彼らのエサです。

私たちは野菜を食べに来る虫を「害虫」と呼びますが、本当にそうでしょうか。

虫は、多すぎる硝酸性窒素を食べに来るのです。つまり、自然界のバランスを崩す過剰な硝酸性窒素は存在してはいけないものとして、これを退治してくれているのです。

そう考えると、害虫どころか必殺掃除人です。

虫は私たちにとって、ありがたい存在でさえあるのです。

「出荷するための箱」に合わせて種がつくられる

では、肥料と農薬を使わずにつくれば、それでいい野菜ができるのかというと、それだけではまだ不完全なのです。

なぜなら「種」の問題があるからです。

種は、いまほとんどが輸入品です。たまに国産もありますが、いずれにしてもほとんどの農家が外国産の種を買っているのが現状です。

あまり農業とかかわりのない人は、種のことなど考えたこともないかもしれません。農家なのだから、その前の年につくった作物から種をとっておいて、翌年使う……、などと思うかもしれませんが、実際にはそうではなく、ほとんどの農家は毎年種を新しく購入してまくのです。

自分で種をつくることを「自家採種」といいますが、自家採種しようにも、いまの種は翌年植えても同じ形の作物ができない仕組みになっているのです。海外においては、種を買ってきて1年目は作物ができるが、その作物からとった種を植えると、芽の出た瞬間に毒が出て、絶対に発芽させないように操作されているものもあります。

それは、農家が種を自家採種できないよう、種苗メーカーが自己の権利を守るために行っているわけです。

種には、ほかにも鳥に食べられたり、病虫害にやられないように、あらかじめ殺虫・殺菌処理もされています。

種の世界には「F1」という技術があります。

F1というのは「第一世代」という意味で、「ハイブリッド種」とも呼ばれます。これは自然界ではありえない、縁の遠い品種同士を掛け合わせてつくる種です。

この種は、たとえばトマトなら箱に24個入る大きさに、キャベツなら8個入る大きさにするのに便利です。極端にいえば、箱が先にありきなのです。本来、作物はそれぞれ大きさが異なるし、形もさまざまなものができるはずなのに、種を操作することで、非常に都合のいい作物ができるのです。

ところが第二世代以降、つまりその作物からとれた種は、メンデルの法則が適用され、品質がバラけて前年のように箱にそろって収まる、思いどおりの作物ができません。だからF1種は一代限りの種なのです。

なぜバラけるのかというと、種自身がなんとか自らの生命をより自然の状態に戻そうとしているわけです。その生命力のすごさには感動しますが、農家にとってそれは困ることなので、毎年新たに種を買うことになるのです。

自家採種がつくる素晴らしい野菜

かつて農家は、自分で種を自分でとること、すなわち「自家採種」をしていました。種を買うようになったのは比較的最近、1960年ごろからのことです。

私たちは自然栽培の農家には、とくに自家採種をおすすめしています。自家採種は簡単なことではありません。そのための場所も必要となりますし、手間もかかります。苦労して採種したはいいが、それでつくった作物が売り物にならないこともあります。自家採種を始めた当初は、どうしても短かったり太かったりと、ばらつきがあるからです。

第1章でもお話しした成田生産組合では、自家採種を始めてから、質も安定し、形がそろった作物をとれるようになるまでに8年かかっています。

しかし土と種と人とが三位一体となったとき、本当に素晴らしい作物ができるのです。自家採種を続け、種と土とがなじんでくると素晴らしい相乗効果が起きて、種も土も進化し、その農家オリジナルの野菜が生まれることを、いままで何度も目の当たりにしてきました。

肥料を使わないで、自家採種をしたら、もう二度と農薬なんかお世話にならなくていい。そして作物のクオリティがどんどん上がっていくわけです。一方、農業としてかかるコストがどんどん減っていく。自家採種は大変ではあるけれど、最終的には農家にとってもいいことなわけです。

種子と土の両方を清浄化し、そして人も、お互いに少しずつ自然という感覚を取り戻しつつ、ハーモニーを奏でていくことが自然栽培なのです。

次の命が生まれない「種なし果物」

「種なし果物」というものがあります。種なしブドウ、種なしスイカといったあたりが一般的でしょう。

デラウェアに代表されるブドウの種なしは通常、「ジベレリン」という植物ホルモン剤を使ってつくります。

本来であれば、受粉するとめしべの中で植物ホルモンが盛んにつくられますが、ジベレリン処理をすることによって、受粉と受精が終わったとブドウに錯覚を起こさせ、種なしにするわけです。

これに対して、ミカン(温州ミカン)は人為的な処理をしません。

温州ミカンは花粉の発達が悪いため、受粉しても受精できず、種ができないのです。温州ミカンは、中国からやってきた小ミカンが突然変異を起こしてできた日本独自の種なしのです。同じように突然変異で種がなくなった果実に、バナナがあります。

同じ種なしでも、自然界の突然変異によるものと、人為的な突然変異によるものがあるわけです。

ブドウに使われる植物ホルモン剤は、一般的には人体には無害とされていますが、自然栽培においては自然の摂理に反しているという考えから、これをよしとしていません。植物の成長をホルモン剤で抑えたり促したりすることは、自然栽培の考えとは相容れないものです。

では、自然栽培では人為的な改良はまったく認めないかというと、そうではありません。たとえば自然のままだからといって、苦くておいしくない作物は食べられません。それを人間の愛情と知恵でおいしくしていくのはいいと思うのです。

人間の都合だけで植物をいじるというのではなく、植物のことも考えて、植物のよさを引き出していくという方向性ならいいと私は思います。いってみれば、節度あるお付き合いということです。割合でいえば、人間対植物が5対5です。

最初に箱があって、この箱にいくつ入れる大きさにしようとか、物流に耐えられるように皮を厚くしようとか、商業的な目的でやるというのはもう人間対植物が10対0であり、不適切な改良だと思っています。

遺伝子操作して、冷めてもモチモチの米に

「種がない」ということは「次の命が生まれない」ということです。環境ホルモンとか、さまざまな汚染物質も怖いですが、私にとってみれば、種なし果実も同じぐらい怖いものです。

種なし果実を有機栽培でつくっている生産者がいます。一方でそれを販売する自然食品店があります。いくら無農薬、有機栽培だからといって、このような自然から遠く離れたものをつくって売っていいものか、疑問を感じざるを得ません。「安さ至上」のスーパーなどが、種なしを売るのとは話が違うのです。

同様の理由で「無農薬米のミルキークィーン」にも私は疑問を抱いてしまいます。

ミルキークィーンは、冷めてもモチモチしているように遺伝子操作をしてつくり出された品種です。これはコシヒカリに「メチルニトロソウレア」という化学物質を施し、遺伝子に突然変異を起こさせて品種改良しているものなのです。

冷めてもモチモチ、甘くておいしいというのは明らかに不自然です。それを無農薬でつくって売るという人が私には理解できないのです。その米の、その野菜の、どこを見てつくっているのか、販売しているのか。

そして消費者である私たちは、こうした不自然さを見抜く目を養っていかなければならないと思います。種も放射線照射も遺伝子組み換えもそうですが、いまの品種改良のすさまじさは許容レベルを超えていると感じています。

まずは「あまりに不自然なものは買わない」という意識を私たちはもつべきなのです。

遺伝子組み換え食品を知らず知らず口にしている!?

スーパーに売られている納豆。パッケージをひっくり返してみると、原材料に「大豆」とあり、カッコして「遺伝子組み換えでない」と明記されています。食の安全にこだわる人でも「遺伝子組み換えを使っていないなら安心」と思い込んでしまうと思います。

遺伝子組み換え農作物の主なものは大豆、とうもろこし、菜種などです。

遺伝子組み換え農作物は「安全性が証明されていない」という理由で、とくに日本においてはかなり敬遠されています。スーパーで買える納豆や豆腐は、ほとんどが遺伝子組み換えでない大豆が使われています。

ところが、遺伝子組み換えを避けているつもりでも、知らないところで口にしてしまっていると聞いたら驚きますか?

大豆、とうもろこし、ばれいしょ、菜種、綿実、アルファルファ、てん菜の7品物については、遺伝子組み換え品を使った場合は必ず明記するよう、法律で義務付けられています。そのほか、これらを使った加工食品32品目なども表示義務があります(遺伝子組み換え品を使っていない場合は表示をしないか、あるいは「遺伝子組み換えでない」と任意で表示することになっています。スーパーの豆腐も、これにならったものです)。

ところが、大豆を使う醬油や菜種を使う食用油では「任意表示」となっており、義務付けられているわけではありません。だから表示だけでは、遺伝子組み換え農産物が使われているかどうか、わからないのです。

また表示義務にも「例外」が認められています。

原材料欄に記載されている原料の3番目までに遺伝子組み換え原料が使われていなければ表示義務なし、遺伝子組み換え品が混入しても5%までなら表示義務なし、加工段階でたんぱく質やＤＮＡが分解される場合は表示義務なし、などなど。企業に都合のいいように、「抜け穴」がいくらでも用意されているのです。

実際に、いま日本で使われている大豆や菜種のかなりの率が遺伝子組み換えだといわれています。アメリカ農務省が２００７年に発表した推計によれば、アメリカの作物植え付け面積のうち、とうもろこしで73％、大豆で91％が遺伝子組み換え農作物となっているそうです。

一方、日本で消費されるとうもろこしは97％、大豆は75％がアメリカからの輸入品です。この数字だけを見ても、日本には相当量の遺伝子組み換え大豆、とうもろこしが入ってきているのがわかると思います。

遺伝子組み換え農作物の人体に与える影響は、まだよくわかっていません。にもかかわらず、遺伝子組み換え品は私たちの暮らしにじわじわと浸透しているのです。そして私たちの食べ物は、どんどん「自然」から離れていくばかりです。

「遺伝子組み換え」の表示義務がある32の加工食品

	加工食品	対象農産物
1	豆腐・油揚げ類	大豆
2	凍豆腐、おから及びゆば	大豆
3	納豆	大豆
4	豆乳類	大豆
5	味噌	大豆
6	大豆煮豆	大豆
7	大豆缶詰及び大豆瓶詰	大豆
8	きな粉	大豆
9	大豆いり豆	大豆
10	1～9までに掲げるものを主な原材料とするもの	大豆
11	大豆(調理用)を主な原材料とするもの	大豆
12	大豆粉を主な原材料とするもの	大豆
13	大豆たんぱくを主な原材料とするもの	大豆
14	枝豆を主な原材料とするもの	枝豆
15	大豆モヤシを主な原材料とするもの	大豆モヤシ
16	コーンスナック菓子	とうもろこし
17	コーンスターチ	とうもろこし
18	ポップコーン	とうもろこし
19	冷凍とうもろこし	とうもろこし
20	とうもろこし缶詰及びとうもろこし瓶詰	とうもろこし
21	コーンフラワーを主な原材料とするもの	とうもろこし
22	コーングリッツを主な原材料とするもの(コーンフレークを除く)	とうもろこし
23	とうもろこし(調理用)を主な原材料とするもの	とうもろこし
24	16～20までに掲げるものを主な原材料とするもの	とうもろこし
25	冷凍ばれいしょ	ばれいしょ
26	乾燥ばれいしょ	ばれいしょ
27	ばれいしょでん粉	ばれいしょ
28	ポテトスナック菓子	ばれいしょ
29	25～28までに掲げるものを主な原材料とするもの	ばれいしょ
30	ばれいしょ(調理用)を主な原材料とするもの	ばれいしょ
31	アルファルファを主な原材料とするもの	アルファルファ
32	てん菜(調理用)を主な原材料とするもの	てん菜

(出典)「遺伝子組換えに関する表示に係る加工食品品質表示基準第7条第1項及び生鮮食品品質表示基準第7条第1項の規定に基づく農林水産大臣の定める基準」農林水産省告示第1173号

有機野菜は「本当」に安全か？

世界的なオーガニックブームです。健康によく、安全な野菜の権化とされている「有機野菜」。では本当に有機野菜が、体にも自然にも負担をかけない最良の解決なのでしょうか。そもそも、「オーガニック＝安全」という認識は消費者の思い込みだということをご存じでしょうか？　実際、農林水産省に問い合わせてみても、安全な野菜とは明言していないといいます。フランスでもアメリカでもオーガニック野菜はありますが、お役所の認識では、オーガニックというのは安全基準ではないのです。

ところで、有機野菜とは、有機肥料を使い、農薬を一切使わないでつくる野菜……、と誰もが思っていると思います。

ところが有機のＪＡＳ規格では、次ページの表のように、場合によっては31種類の農薬を使用してもよいことになっているのです。事実、私たちのところで扱っている有機野菜も、その4分の1ほどは農薬を使っています。果物では、ほとんど使われているといって間違いないでしょう。

有機栽培でも使える農薬リスト

農薬	基準
除虫菊乳剤及びピレトリン乳剤	除虫菊から抽出したものであって、共力剤としてピペロニルブトキサイドを含まないものに限ること。
なたね油乳剤	
マシン油エアゾル	
マシン油乳剤	
大豆レシチン・マシン油乳剤	
デンプン水和剤	
脂肪酸グリセリド乳剤	
メタアルデヒド粒剤	捕虫器に使用する場合に限ること。
硫黄くん煙剤	
硫黄粉剤	
硫黄・銅水和剤	
水和硫黄剤	
硫黄・大豆レシチン水和剤	
石灰硫黄合剤	
シイタケ菌糸体抽出物液剤	
炭酸水素ナトリウム水溶剤及び重曹	
炭酸水素ナトリウム・銅水和剤	
銅水和剤	
銅粉剤	
硫酸銅	ボルドー剤調製用に使用する場合に限ること。
生石灰	ボルドー剤調製用に使用する場合に限ること。
天敵等生物農薬性フェロモン剤	農作物に害する昆虫のフェロモン作用を有する物質を有効成分とするものに限ること。
クロレラ抽出物液剤	
混合生薬抽出物液剤	
ワックス水和剤	
展着剤	カゼイン又はパラフィンを有効成分とするものに限ること。
二酸化炭素くん蒸剤	保管施設で使用する場合に限ること。
ケイソウ土粉剤	保管施設で使用する場合に限ること。
食酢	

（出典）「有機農産物の日本農林規格」農林水産省告示第1463号

それはなぜか。問題はやはり「虫」と「病気」です。

化学肥料であれ、有機肥料であれ、程度こそ違えど、肥料を使えば病害虫はやってくるのです。そして病害虫の繁殖を抑えるためには、どうしても農薬を少しは使わざるを得ないという事情があります。

化学肥料を使う場合は「この面積に何キログラム入れる」といった基準を農協などが指導しています。ところが有機肥料にはそれがない。どうするかというと、「勘」が頼りの世界なのです。

それも化学肥料と同様の効果を狙うと、つい肥料が多くなりがちな傾向にあります。「有機肥料だから少しぐらい多くても安心」という思いもあるのでしょう。なかには300坪に対して10トン、20トンと大量の有機肥料が入れられることもあります。これだけの量を使えばその分、硝酸性窒素、そして虫が増えることにほかなりません。

ただ、念のため申し上げておきますが、有機栽培でも一切農薬を使わずに野菜を育てることができる人もいます。

そういう人は、肥料の「質」と「量」を考えている人だと思います。有機肥料の場合は、表示されているとおりに使えばいい化学肥料と違って、熟練の腕が必要となるのです。

有機肥料がいちばん危ない!?

有機肥料は「量」の問題もさることながら、「質」の問題も見逃せません。

有機肥料は、大きく分けて2つあります。

ひとつは家畜の糞尿を発酵させてつくる「動物性肥料」（厩肥）、もうひとつは刈り草を発酵させた堆肥《たいひ》や、米ぬか、米ぬかを発酵させたぼかし、おからなどの「植物性肥料」です。普通はこの2つを組み合わせて使用します。

私が実際に全国の生産者に会ってわかったのは、病虫害に悩んでいる方のほとんどが、動物性肥料を大量に使っているという事実でした。

動物性肥料が少ないほど虫が減り、農薬の使用量も少なくなる傾向にあります。一方、植物性肥料を中心に使っている方は、病虫害もめっきり少なくなるのです。

有機肥料に使われるのは、窒素成分の多い主に家畜の糞尿で、これを発酵させてつくります。

その糞尿の窒素の問題とともに、家畜が何を食べているのかという問題があります。いま飼われている家畜のエサには、抗生物質などの薬剤が非常に多く使われています。「クスリ漬け」といってもいいぐらい大量の薬品が混ぜられています。

日本は世界にも例を見ない「抗生物質大国」なのをご存じでしょうか。抗生物質の輸入量は世界一で、年間500トンを超えます。しかし家畜には、その倍の1000トン以上が使われているといいます。

ということは、糞尿にも相当量の抗生物質が排出されているということです。糞尿に含まれる抗生物質は菌（微生物）を殺してしまうので、十分な発酵を妨げます。未熟なまま肥料にされることになります。未熟な肥料は、病原菌の繁殖につながります。

肥料のつくられ方自体も問題です。

糞尿を堆肥にするには、本来は3年から5年という歳月をかけて熟成させなければなりません。この間に糞尿に含まれている窒素分が、空気中や地中に放散されます。

しかし、いまの生産者にそこまで時間をかける人はまれです。ほとんどの人はインスタントの発酵菌を使い、3～6カ月という短い期間で熟成させてしまいます。早ければ1週間ということもあります。

こうした未熟な有機肥料は、土を病原菌の温床にしてしまうのです。

エサの安全性も見逃せない

飼料(エサ)の抗生物質の問題は、これだけではありません。

抗生物質を使えば、必ず「耐性菌」といって、その抗生物質が効かない菌が出現します。さまざまなクスリが同時に効かない多剤耐性菌が出ることもあります。事実、糞尿肥料の使われた土で、多剤耐性菌が多数発見された報告もあります。

新型インフルエンザ、鳥インフルエンザ、MRSAなど近年、全世界を騒がせている病気は、すべて耐性菌によるものです。

また飼料自体の「質」も無視できない問題です。

いまは家畜の飼料は海外から輸入されるものが多いのですが、それらには遺伝子組み換え農作物が使われている可能性もあります。

また家畜飼料をつくる際には、通常の作物と同じように農薬や肥料が使われています。

つまり飼料の問題は、飼料を育てる際に使われる農薬や肥料、それから飼料に混ぜられた薬品、飼料の質そのものと、3つあるわけです。

飼料に含まれた化学物質などはすべて「糞尿」に排出され、「肥料」という名前になって田畑に持ち込まれることになります。これらが作物に影響しないとは誰にもいえません。

しかも、家畜のエサの質や薬剤の使用状況にまでチェックして使っている生産者は、非常に少ないのが現実です。こうなると名目は「有機野菜」ではありますが、実際にはどんな化学薬品が含まれているのかわかりません。

有機栽培をしている現場を回って気づいたことですが、「有機肥料」という概念が非常にあいまいになっています。有機肥料には、糞尿以外にもさまざまな有機物が含まれています。お茶ガラ、菜種の絞りカス、ビールカスなど。

これらの原料を栽培するときの農薬や肥料、種の汚染も考えなければいけないことです。さらには、出所のよくわからない食品廃棄物、下水処理の汚泥なども「自然のものだから」という理由で安易に使われているのが現状なのです。

有機野菜の味がグンと落ちた理由

有機栽培でも、私が野菜の販売に携わりはじめた25年前は、糞尿肥料が主体ではなく、植物の堆肥が主に使われていました。しかし、有機野菜がブームになってからというもの、糞尿肥料が一般化してしまいました。

すると、どうなったか。野菜の質と味がどんどん落ちていったのです。25年前といまの有機野菜は、味が全然違います。

また虫が出たり、病気が出たりと問題も起こりやすくなっています。これらすべての根源が「肥料」にあるのです。

ここまで考えると、「化学肥料が危険で、有機肥料が安全」とは一概にいいきれません。「有機野菜だから安全、無農薬だから安心」

私たちは無条件に信じ切ってしまいがちです。でもそれは表面的なものです。

「子どものために有機野菜にしている」というご家庭も多いでしょうが、ただたんに有機野菜だからと信じ込んでいては、大切な問題を見逃します。その野菜にどんな肥料や農薬がどれだけ使われているのか、きちんとチェックをしてから買うべきだと思います。

いまの売り場は、実態を見ずして「有機」「オーガニック」「特別農産物」などという名前だけで販売していることがほとんどです。

売り手側の意識改革のためにも、どんどん店員さんに聞いてみてください。

第4章

「腐敗実験」からわかる生命力のある野菜、ない野菜

野菜の実験で見えてくること

一般栽培、有機栽培、それぞれの問題点をあげてきましたが、それでは私たちはどんな野菜を選べばいいのでしょうか。はたして体にやさしく、理想的な野菜があるのでしょうか。目の前に一般栽培、有機栽培、自然栽培の野菜があったとして、どれがいちばん体にいいものか。

それを見た目で判断するのは非常に難しいことです。栄養分析のような机上の理論ではなく、誰もがシンプルに、自分の「五感」を使って判断できる方法はないのだろうか……。

普通、野菜を台所でも屋外でも、ずっと置いておくとどうなるでしょうか。腐って、最後にはドロドロに溶けていきます。

一方で、山や野原の植物はどうでしょう。

どの山や野原を見ても、植物は枯れて、朽ちていくのが普通です。野山の植物が、悪臭を放ちながら腐っていくなどということはまずありません。気候の急激な変化や条件によって病気になって腐ることもありますが、それはあくまで例外です。

「なぜ畑でつくられる野菜だけは、腐って溶けるのだろう」

私は単純にそんな疑問をもちました。野菜も植物なのですから、本来は枯れるはずではないか、と。

じつはそれまでも、店で扱っている有機野菜と自然栽培の野菜の違いには気づいていました。有機野菜のほうが傷みやすいのです。

木村さんのリンゴの驚くべき生命力もそうでした。かじって数時間置いても切り口が茶色に変色しない、もぎたてのみずみずしさを保ったままの、あのリンゴ。

そういえば、木村さんのリンゴ畑を訪ねたとき、こんなことがありました。

畑の傍らにリンゴジュースが何本か放置されているのです。聞けば、「2、3年前につくったジュースだが、きっちりふたが閉められなかったのでお客さんに売ることができず、そこに置いておいて、のどが渇いたときに飲んでいる」とのこと。

2年も3年も野ざらしで放置されているリンゴジュース……。

だが見た目はこはく色で、とても腐っているようには見えません。木村さんが制止するのをよそに恐る恐る飲んでみると、なんと、おいしいではありませんか。ワインのような、なんともいえないよい香りと深い味わいがして、極上のジュースになっているのです。

木村さんも飲んでみて「うまい！」とニコニコしています。そのあとの一言がまたすごかった。

「2、3年前といってしまったけど、本当は10年前のものだったんだ……」

これには大笑いしてしまいました。

おそらく木村さんのリンゴジュースは腐るのではなく、発酵していたのでしょう。

本当に野山の自然に近い、理想的な形で育てられた野菜は腐らず、枯れていく、または状況によっては発酵していくものなのです。

10日で腐る大根、3年以上腐らない大根

野菜の良し悪しを自分の「五感」を使って判断できる方法はないかと始めた実験が、こ

れから紹介する「腐敗実験」です。

その前に、まずは巻頭のカラーページをご覧ください。

2つの大根の葉を見比べてみると、色の濃淡がはっきりおわかりかと思います。右側は色が濃く力強い感じ、右側は色が薄くひ弱な感じがします。

ところが右側の大根はすでに虫がつき、殺虫剤を2度ほど使用しています。左側は弱々しく見えても、虫に脅かされることなく、農薬を必要としません。

すでにおわかりかと思いますが、右側は一般栽培の大根、左側は自然栽培の大根です。自然栽培の生産者は成田生産組合の高橋博さんです。この時点で2回農薬を使っている一般栽培の大根は、これから収穫までに何度も農薬を使い、やっと収穫にいたるのです。一方、自然栽培の大根は、収穫まで虫に食害されることなく元気に育っていきました。

収穫後、この2種類の大根を、煮沸消毒した瓶に入れて外気を遮断し、変化の様子を観察してみました。

次ページの写真は10日ほどたった状態です。一般栽培の大根はドロドロに溶けて原形をとどめていません。一方、自然栽培の大根は、ほとんどそのままの形を維持しています。

両者の瓶を開けて匂いをかぐと、一般栽培の大根はひどい悪臭を放ちます。一方、自然栽培の大根は漬け物のようないい香りがしました。

この実験を始めたのは2007年のことでしたが、なんと驚くべきことに、いまなおこの実験は続いています。

自然栽培の高橋さんの大根は、まだ原形をしっかりとどめたまま、会社の私の部屋のテーブルに置かれています。

形は多少変化して小さくなってはいますが、古漬けといった程度で、まだまだ食べられる状態です。

もちろん常温で、何の処置もしていません。夏場、会社が休みのときもそのまま置きっぱなしです。

この瓶が目に入るたび、その生命力

大根の腐敗実験

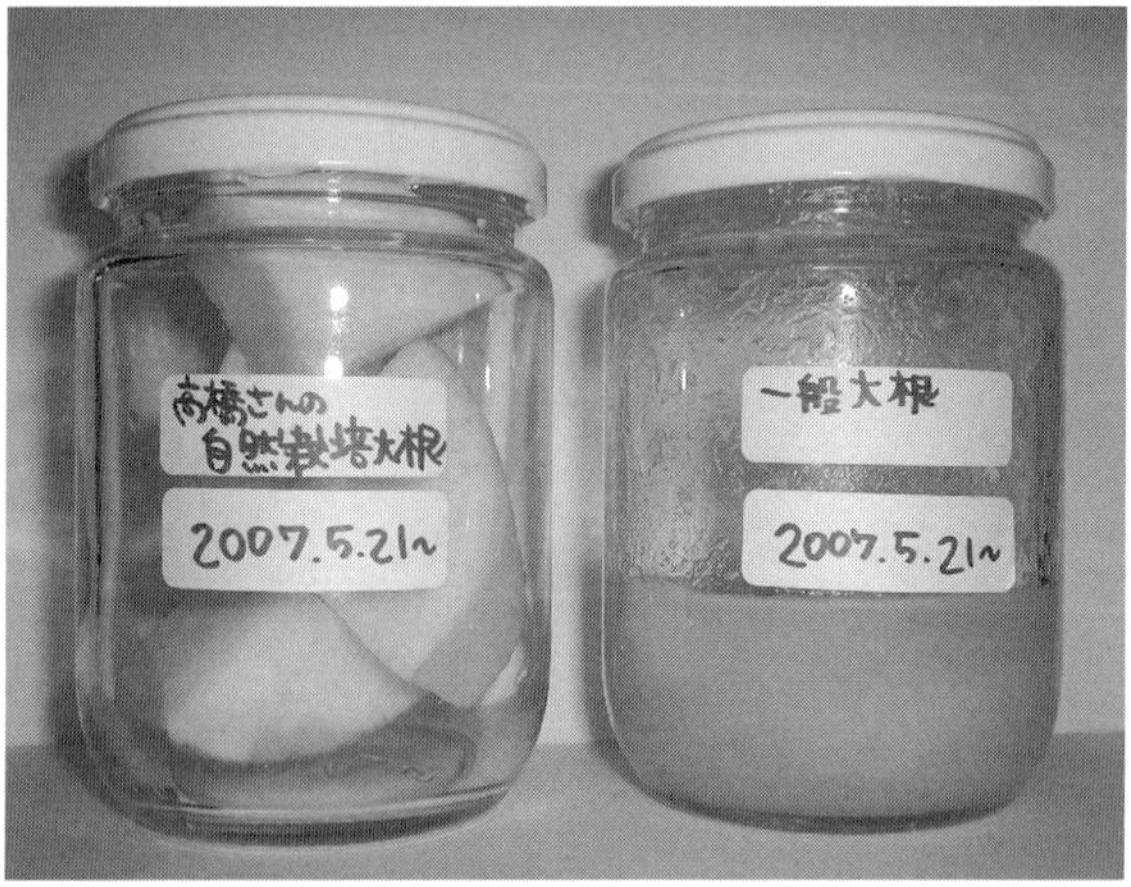

※大根をカットして瓶に入れ、10日間放置した状態

に敬服せざるをえません。

一般栽培の大根のように一見、美しく元気に見えるものでも、なんとかクスリで姿かたちを維持しているにすぎず、じつは擬似健康体なのです。そこに惑わされてはいけないのです。

キュウリの腐敗実験

次に、「自然栽培」「有機栽培」「一般栽培」の3つのキュウリをカットし、瓶に入れました。条件を一定にするため、瓶はあらかじめ煮沸消毒し、同じ場所に置きます。時期は夏場。適宜、瓶のふたを開けて、また閉め、様子を観察し、10日ほどがたちました。

さあ、3つのキュウリのうち、どの野菜がいちばん早く腐るのか、みなさんも予想してみてください。結果には私自身もショックでした。

いちばん早く腐ったのは、なんと「有機栽培」のキュウリだったのです。

おそらく、みなさんも多くがそのように予想されたと思うのですが、私も「一般栽培」のキュウリが最初に腐ると思い込んでいました。

ところが「有機栽培」がいちばんに腐りはじめてしまい、ついで「一般栽培」でした。有機栽培はもちろんオーガニック認証をとったものです。

結果の写真をご覧ください。

有機栽培のキュウリはドロドロに溶けて、ほとんど原形をとどめていません。その一方、自然栽培のキュウリは、ほとんど劣化が見られません。冒頭のカラーページを見れば、もっとよくわかると思います。

では、臭いはどうか。

一般栽培、有機栽培はどちらも悪臭がします。しかし悪臭といっても、

キュウリの腐敗実験

自然栽培　有機栽培　一般栽培

※キュウリをスライスして瓶に入れ、10日間放置した状態

2つには違いがありました。一般栽培のほうは薬品臭さが鼻につき、有機栽培のほうは糞尿のような、なんともいいがたい臭い。

自然栽培はというと、決して不快ではない、かすかに漬け物の匂いがしました。

これを「五感」で判断するとどうなるか。いちばん食べたいものは「自然栽培」のもので、「有機栽培」と「一般栽培」のものはどちらも食べることができない……という印象でした。

無条件に「体にいい」と思われていた有機野菜がいちばん早く腐り、「食べたい」と思えない結果になったことはとても残念でした。

おそらくこの有機栽培のキュウリの生産者は、糞尿を堆肥化する過程で、時間をかけてしっかり完熟させなかったのではないでしょうか。または、糞尿肥料を大量に入れたのでしょう。

一方、一般栽培のキュウリの生産者は、農薬はそれなりに使ったのでしょうが、化学肥料の投入量は少なめだったように推察できます。いってみれば、使い方が非常に上手だったのでしょう。

自然栽培の野菜は腐らない

このキュウリの実験結果から、「使用する肥料の質や量によって、腐り方が違うのではないか」という仮説が立ちました。

そこで、再び実験を行ってみることにしました。条件は先ほどのキュウリと同様です。

今度は「無肥料」「動物性肥料」「植物性肥料（堆肥）」と3つの瓶に分け、ニンジンで実験してみることにしました。

結果は、もういままでの話から想像がつくことでしょう。

いちばん早く腐ったのは「動物性肥料」でした。「植物性肥料」のものは腐りはしましたが、

ニンジンの腐敗実験

無肥料　動物性肥料　植物性肥料

※ニンジンをスライスして瓶に入れ、2週間放置した状態

料金受取人払

日本橋局
承　認
8281

差出有効期間
平成24年8月
31日まで

郵便はがき

103-8790

919

(受取人)

東京都中央区
日本橋本石町1－2－1

東洋経済新報社

出版局行

フリガナ		生まれ年	男
お名前		年生	女
ご住所	□□□-□□□□		
e-mail アドレス			
あなたの職業	1.自営業　2.経営者　3.会社員　4.公務員　5.教師 6.医師　7.学生　8.主婦　9.無職　10.その他(　　　)		

野菜の裏側

読者カード

本書のご感想、著者へのメッセージ、または本「裏側」シリーズに
期待することなどがありましたら、お聞かせください。
(匿名で新聞広告などに使わせていただくことがあります)

今後、ご連絡いただいた住所やメールアドレス等に、小社およびグループ会社より各種ご案内(事務連絡・読者調査等)をお送りする場合がございます。

ご協力ありがとうございました。

さほどひどい状態にはならず、形も保たれています。「無肥料」の野菜は、ほとんど変化が見られませんでした。

ほかの野菜でも手当たり次第に実験してみましたが、自然栽培の野菜は腐ることがなく、形を保ったまま発酵していくということが大半でした。

腐ってしまう場合もあったのですが、それは自然栽培を始めて年月の浅い生産者のものでした。あとから述べますが、自然栽培は一朝一夕にはかないません。最初のうちはまだ土の中に肥料や農薬が残っていますから、その影響を受けるのです。

また、その野菜がつくられた土の状態、あるいは季節や天候にも左右されるので、自然栽培は絶対に腐らないとはいいきれません。

ただ、腐りにくい傾向にあるのは確かです。

自然の柿はお酒になる

次ページの写真は、柿の実験です。

左の瓶は、私の近所の庭の柿です。当然、肥料などは使いませんが、毎年たわわに柿を実らせます。そのたびに「肥料がなくても、これほど鈴なりになるのだ」と感動します。

右の瓶は、スーパーで買ってきた柿です。2つの柿をそれぞれ4分の1ずつにカットして煮沸消毒した瓶に入れ、ふたをしました。

4～5日すると、スーパーで買ってきたほうは腐ってしまいました。おそらく肥料を多く入れすぎたのでしょう。

近所の庭の柿は変化がなかったので、さらに放っておきました。

最終的にはどうなったかというと、「お酒」になったのです。さらに発酵が進むと、「お酢」になりました。「柿酢」です。

腐ってしまったものは、どうがんばってもお酢になることはありません。そのまま腐敗が進

柿の腐敗実験

自然栽培の柿　　一般栽培の柿

※柿をスライスして瓶に入れ、10日間放置した状態

んでいくのみです。

菌と一緒に生きている

柿と同様にお米の実験もしました。有機栽培米と自然栽培米です。

下の写真をご覧ください。

自然栽培の米は真っ白で、ふたを開けるとほのかに日本酒の香りがします。できているのは甘酒です。一方、有機栽培の米はカビで青黒くなっています。ものすごい腐敗臭です。

お米が甘酒に変わるのは、空中を浮遊している麹菌がでんぷんを糖に変えるからです。

麹菌は、ものを発酵させる「発酵菌」と呼ばれます。発酵菌は、ほかにパンを膨らませる「酵

米の腐敗実験

有機栽培の米　　自然栽培の米

※炊いた米を瓶に入れ、2週間放置した状態

母菌」、ヨーグルトに入っている「乳酸菌」、納豆をつくる「納豆菌」などがあります。

一方、ものを腐らせる菌は「腐敗菌」と呼ばれ、さまざまな種類があります。

発酵も腐敗も、「微生物が有機物を分解する」というプロセスは同じで、人間の役に立つ現象を「発酵」と呼び、「腐敗」と区別しているにすぎません。

人間は「腐敗」を嫌いますが、それもよく考えてみれば、自然のバランスを崩したものをいち早く分解し、もとの環境に戻すという大切な役割を担ってくれているのです。硝酸性窒素の多すぎるバランスの悪い野菜に、虫がたかって食べてくれるのと同じことです。

自然界でも、山で動物が糞をしたり登山客がジュースをこぼしたりして、一時自然界のバランスが狂うと、虫や微生物がやってきてそれを食べたり、分解して土に還してくれます。

農業の害虫や病原菌は、人間が自然環境と調和していないことをしているときに、それを教えてくれるありがたい存在なのだと思います。

なぜ腐りにくく、発酵しやすいのか？

自然栽培の野菜はなぜ腐りにくく、枯れたり発酵したりするのでしょうか。

野菜にも自分の体を守るシステムがあり、生きているあいだはそう簡単には菌を寄せ付けません。しかし収穫後は、時間の経過とともに、さまざまな菌が繁殖します。

そのときに野菜が発酵菌にとって住みやすい環境だと、発酵菌が優勢となって腐敗菌を押しのけて繁殖する、つまり「発酵」が始まるのです。

逆に、腐敗菌が優勢になると「腐敗」が始まります。

自然栽培の野菜が腐りにくいのは、発酵菌が好む環境だからではないでしょうか。

人間の腸にはわかっているだけでも500種類、100兆個以上の菌が住んでいます。なかには発酵菌も腐敗菌もあります。発酵菌を「善玉菌」、腐敗菌を「悪玉菌」と呼ぶこともあります。

善玉菌が優勢であれば免疫力が上がり、私たちは健康体を保つことができるのです。悪玉菌が優勢になると、腸内に腐敗有害物質がつくり出され、便秘や肥満、さらにはさまざまな病気を引き起こすもとになります。

腸内環境を整えるためにヨーグルトを食べようとか、食物繊維をとろうといわれていますが、そんなことよりも最もシンプルなことは、はじめから「腐敗菌におかされない素材を食べる」ことです。

お腹に入る食べ物が健全であれば、腐敗菌がむやみに繁殖することもありません。腐敗している野菜の瓶に、あとから善玉菌を入れて調節しようとしても、もとには戻せません。最初からいいものを入れておけば間違いがないのです。

納豆でも味噌でも、発酵したものはおいしく食べられます。ところが、腐ったものは食べられません。無理に口に入れたとしても、吐き出してしまうでしょう。私たちは何を食べればいいか、本当は「五感」でわかっているのです。

腐りやすい野菜と腐りにくい野菜、どちらを選べばいいのか。

答えはもう明らかだと思います。

「本当に力のある食べ物」は何か

いまの野菜やお米は、自然の力に反してつくられた結果、素材の力そのものが弱いから自然淘汰という意味で腐るのです。

ワインはブドウからつくられます。本来は、ブドウをつぶしてそのまま置いておけばワインになりますが、いまのブドウは素材の力が弱っているので、そのまま置いておくと腐ってしまうのです。だからどうするかというと、化学的に培養された強力な菌を買ってきてブドウに添加し、強制的に発酵させるのです。

日本における発酵食品である味噌や醤油、納豆なども事情は同じです。納豆は昔は稲わらにつつみ、わらについている天然の納豆菌のみで発酵させてつくっていましたが、いまは大豆に化学培養した納豆菌を振りかけてつくられるものが大半です。

つまり素材の力不足で発酵できないものをなんとか発酵させるための手段が、いまの発酵醸造の現状ではないかと私は考えています。

よく「昔ながらの発酵食品は体にいい」といわれます。しかし、私たちが発酵食品と呼んでいるものは、昔の人の食べていたものとは似て非なるものなのです。

菌には良いも悪いもない

「虫と人とは好物が逆」という説があります。虫は「腐敗型」を好み、人は「発酵型」を好む傾向にあるというものです。

それは消化器官や体内微生物の違いだろうと思います。要は、お互いがお互いの領域を侵すことなく共存できるように、自然界の調和が保たれているのです。

虫がつく、病気になるということは、ひとつのメッセージです。

菌に良いも悪いもないのです。人間が自分たちに役に立つ菌を「発酵菌」、都合の悪い菌を「悪玉菌」「ばい菌」といっているだけです。ばい菌にも役割があるのです。それは反自然的なものをいち早く分解し、地球に還元させるということです。

先の腐敗した野菜も、最終的には「水」になります。発酵した野菜も最後には「水」となります。最終的に行き着くものは同じですが、プロセスが違うのです。

しかし、腐敗のプロセスを経るものは寿命が短く、発酵のプロセスを経るものは寿命が長いという大きな特徴があります。じつは、人間も同じことがいえるかもしれません。

人間の腸内は「善玉菌」も「悪玉菌」も存在し、バランスを保っています。実際に腐敗する野菜や米を食べたからといって、すぐに病気におかされることはないでしょう。しかし、「腐敗型」の食べ物を食べつづければ、いつしか腸内では「悪玉菌」が優先し、体のバランスを崩す結果につながりかねません。

人が食べるべき適正なものは腐敗するものなのか、発酵するものなのか。

もはや、いうまでもないことでしょう。

第5章 土には本来、「すごい力」がある

災害に負けない野菜

左の写真をご覧ください。たわわに実った収穫間近の稲ですが、強風にあった直後の写真です。あぜ道を挟んで右側の稲は倒れ掛かっています。一方、左側はきれいに立ち上がっています。

どちらが有機栽培、どちらが自然栽培かおわかりでしょうか？

正解は右が有機栽培、左が自然栽培です。

有機栽培では肥料の栄養分が多すぎて、必要以上に茎がひょろ長く伸びてしまいます。また根っこも弱くなります。

この状態でさらに台風でも来ると、倒れてしまいます。収穫間近の稲は倒れてしまうと、風味・味が落ちてしまうといわれます。

米づくりにおいて、稲を過剰に成長させないことは、とても重要なことです。

稲に限らずほかの野菜も同じで、肥料を使えば成長は速いかわりに細胞が粗くなり、どうしても植物は弱くなるのです。

人間でいえば、食べすぎてかえって体調を崩したり、健康を害したりしているようなものです。

家畜の牛や鶏たちが栄養たっぷりのエサをもらいながら、抗生物質やその他のクスリ漬けにならないと生きていけないのとも似ています。

自然栽培と有機栽培の強風直後の稲

自然栽培の野菜は、根がものすごく深い

自然栽培の野菜は、根がものすごく深いのです。

肥料が投入されないわけですから、必要な養分を自分で探してグングン下に根を張っていくわけです。人間も「あの人は足腰が強い」といいますが、それと同じで土台が堅固なため、強風が来ても倒れません。

一方、一般栽培、有機栽培の野菜は根が浅いので、倒れることが多いのです。

また後述しますが、自然栽培で育ったミカンは、非常に皮がむきにくいという特徴があります。

皮をむくときに身を破ってしまうこともあるのは、皮にしっかりと身が張り付いているからです。肥料を入れないでつくると、植物ホルモンのバランスが崩れず、皮と身が同時に生育するから自然とくっつくわけです。

これが肥料を使うと、皮と身が偏って成長します。だから、皮がむきやすくなるわけです。むきやすいのはいいとしても、人間でいえば皮膚だけ発育して、内臓が育たないなどとい

うことはありえません。だから、皮と身がバラバラで成長するのは不自然そのものなのです。本物は皮に身が張り付くのです。作物はすべてを物語ります。

自然の摂理にしたがってつくる栽培方法

改めて紹介すると、自然栽培とは、化学肥料、有機肥料、家畜の糞、人糞、魚粉、肉骨粉、油カス、海藻、米ぬかなどの資材、漢方系も含めて農薬などを一切使用しない、自然の摂理に即した農法です。

人間は大自然の中では、ほんのちっぽけな存在です。自然を征服したかのようなおごったあり方を改め、自然に対して畏敬・感謝の気持ちをもって接し、自然界からの恵みをいただく、それが自然栽培の考え方です。

しかしながら自然栽培とは、たんに山の真似をすることではありません。肥料・農薬をやらなければ、いきなり素晴らしい作物が育つかというと、そうではありません。

なぜかというと「土」の問題があるからです。

農耕地の土には、いままで使われてきた農薬や肥料が残留しています。

これらの「過去」の清算をすることなく、自然栽培は成り立ちません。人間でいえば、体を悪くしてその体の毒素の解決をしないままに、「さあ、今日から健康にいい生活をしよう」といっているようなものです。人間は腎臓や肝臓が解毒・排毒の役割を担っていますが、それができない状態、つまり腎機能・肝機能障害に陥っている状態なわけです。

まずは解毒・排毒をしなければいけないのです。

自然栽培では土の過去、すなわち農薬や肥料などこれまでの残留物のことを「肥毒」と呼んでいます。肥毒を取り除くことは、土の過去の清算をすることです。清浄化すれば、土は大自然に本来備わっている力を発揮することができます。

大自然の潜在能力をしっかり受け止められる土に戻すのです。それが自然栽培の作物の底知れぬ力となって現れます。

——土を清浄化するには、まずは「肥毒層」を取り除く

ではどうすれば、土を清浄化できるのでしょうか。いまの土はずいぶんと汚れてしまっています。

長年の肥料の蓄積が特定の場所に層をつくっていることがあります。これを「肥毒層」と呼びます。

肥毒層は青黒く、そして冷たい層です。温度でいうと1~2度くらい、場合によっては5~6度も低いのです。たった1~2度と思われるかもしれませんが、人間でも体温が2度低くなったら大変なことです。

地球の中心部は非常に高温で、そこから地表に向かって熱が上がっていきます。ところが冷たい肥毒層が、この地熱の伝わりを滞らせているのです。いわば死んだ土です。

また肥毒層は肥料や石灰などが固まっていますから、非常に固く水はけが悪いのです。

肥毒層は土、いや地球の新陳代謝を止めて

肥料がたまった「肥毒層」は冷たい

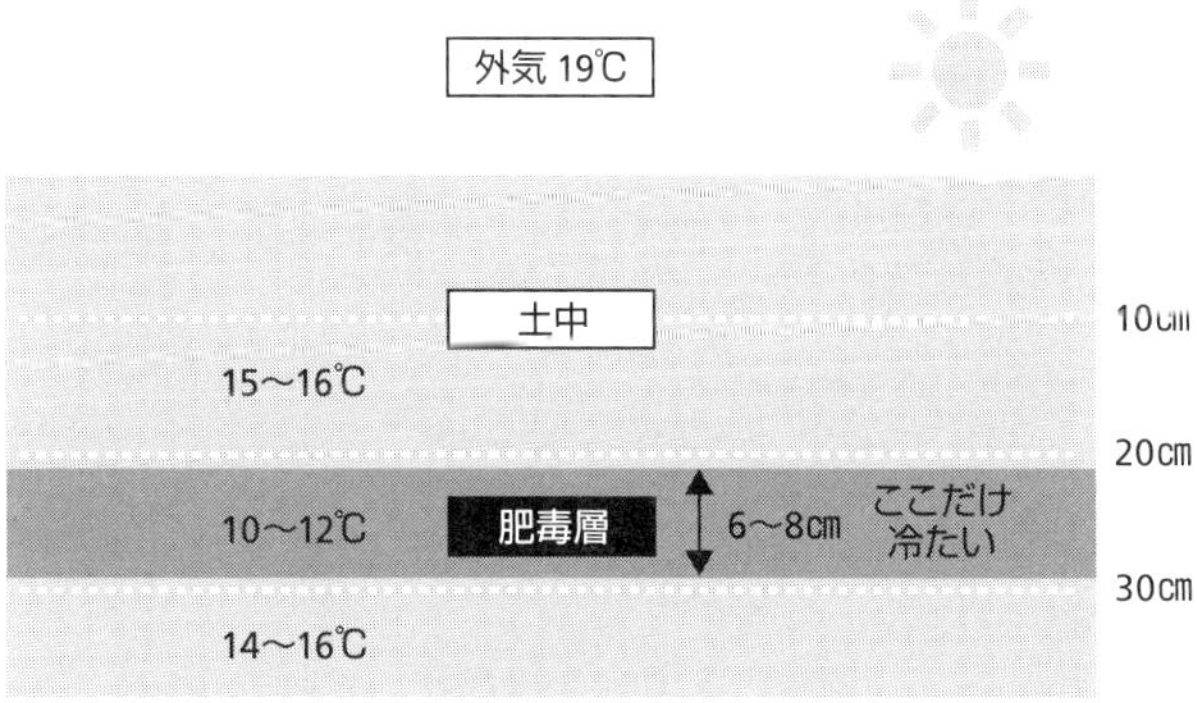

しまうのです。だから、まずはこの肥毒層を取り除くことから始めなければいけません。

そのためにどうするかというと、植物の力を利用するのです。

まず機械で肥毒層の部分を壊して、肥毒を吸い取る能力の高い植物を植え、作物の根から肥毒を吸い上げます。

作物としては麦や牧草が適します。麦や牧草の根っこは力強くて、くだかれた肥毒を吸い上げてくれる。そうすることによって、土を本来の姿に戻すのです。

大豆も、場合によっては有効です。大豆には、土の上部にバラけた肥毒のかたまりを崩す力があります。

当然、一回では土の清浄化は終わりません。数年かけて徐々に土を清浄化させていくのです。清浄化が完全にすむまで10年かかったケースもあります。

清浄化した土はどうなるのかというと、「温かく、やわらかく、水はけがよく、水持ちがいい」状態となります。通気性がよく、温度が安定して、非常に健康な土です。

肥毒層がなくなると、植物は根っこをどんどん下まで伸ばせるようになります。自然栽培では肥料を入れないため、植物は自分で栄養分を探して地中深くに根を下ろすのです。

ここで肥料を入れてしまうと、植物はそこで満足して根を下ろしません。

根っこが伸びれば、土中微生物も活発になり、土を温め、やわらかくしてくれます。そして、土はどんどんよい状態になるのです。

「本来の土の力」を農薬・肥料が妨げてきた

私たちはお隣の韓国にも自然栽培の普及指導に行っていますが、数年前、韓国の農学者が来日し、自然栽培の土を調べたことがあります。

普通、人間が手を加えて土をつくっている範囲は、だいたい20センチか場合によっては30センチが限度だそうです。30センチ以下には、人間の手は入らないといいます。肥毒層はたいていこの辺りに存在しています。

ところが自然栽培の場合は、30センチをはるかに超えて土ができているというのです。

さらにこの韓国の学者は、成田生産組合の高橋博さんの畑も視察されました。その調査では驚くべきことに、100センチまで腐植が豊富な真っ黒い土になっていたそうです。

一方、近隣の畑では、30センチ以下は植物が育たない茶色い粘土質の土だったといいます。高橋さんの肥毒のなくなった畑では、耕耘機が入らない30センチ以下の土も、作物の根っこのおかげで、土壌がこんなに深くまでできあがっているのです。

その土をつくってきたのは、人間ではなく植物の力です。肥料を投入してつくったのではなく、植物の根がどんどん張っていって、その根っこが通気性を保ち、腐食し、新たな土をつくっていく、地上でつくられた植物が土に還っていく、それが繰り返されて土はつくられていくのです。

目先の損得勘定で、「早くたくさんとりたい」と化学肥料・有機肥料を投入するのは、自然界にしてみれば「不純物」が入ってきたということにすぎないのです。もともとないものを入れたら、土の活動は退化し、バランスは崩れるだけです。そのバランスをもとに戻すために、病虫害が発生するという仕組みです。

いってみれば、農業の歴史は肥料・農薬を投入し、肥毒層をつくってきた歴史といえるかもしれません。それは「本来の土の力」を妨げるものだったということを、いまこそ私たちは認識すべきなのです。

この肥毒は、人間に当てはめれば、代謝を阻害する「コリ」といっていいと思います。人間も体にたまった不純物がコリを発生させるのです。肩こりなどがあると体のめぐりは悪くなり、気分もすぐれません。健康とは程遠い状態です。土もこれと同じなのです。

理想の土は「やわらかく、温かく、水はけ・水もちがいい」

ところで肥毒層ができているのは、あくまで一般栽培、つまり「化学肥料と石灰を使ってきた畑」です。

有機肥料を長年入れてきた畑では、掘ってもふかふかで、冷たくて固い肥毒層が見当たらないことが多いのです。

しかし、それをもって「肥毒がない」とはいいきれません。なぜかというと、有機肥料というのは、動物の糞尿を含め、もともと自然界に存在する物質だからです。

有機肥料は土に包みこまれ、土の一部となってしまいます。このため、かえって畑から肥毒を抜くのが難しいといわれます。

とくに動物性肥料（厩肥）を長年大量に使用してきた場合は、化学肥料を使ってきた畑よりも土の回復に時間がかかることもあります。

肥料のところでも述べましたが、動物の糞尿にはエサに使われた抗生物質などが排出されていることもあります。またリサイクルの名の下、さまざまなものが田畑に投入されているのです。こうしたわけのわからないものが投入された土を清浄化するのは、並大抵のことではありません。

しかしそうした土であっても、清浄化の終わった土は素晴らしい力を回復します。土はもともとが肥料のかたまりなのです。だから、新たに肥料を与える必要はありません。そして植物には本来、必要な養分を自らの力で取り込む能力が備わっています。それができなければ植物など、太古の昔に滅んでいたはずです。

科学技術がどんなに発達しても、地球上のすべての植物に人が肥料を施すことはできません。野菜も植物。だから本来的に、この能力が備わっているのです。

道法さんの衝撃的ミカン

3年前、私にとって大きな出会いがありました。自然栽培でレモンやミカンなどを栽培している道法正徳さんとの出会いです。

道法さんは独自のアプローチから自然栽培を切り開いた方です。卸し先を探すうちに、ナチュラル・ハーモニーを知って、訪ねてきてくださったのです。

道法さんの指導するミカン畑を視察に行ったときの驚きは忘れられません。見たこともないスタイルで木が伸び、その先にミカンがたわわに実っていたのです。

正直にいって、果物の自然栽培は難しいという思い込みが私にありました。取り組んでいる人はもちろんいるものの、なかなか実がならないというイメージがあったのです。

ところが、そのミカンはぎっしり実っています。

これはいったい何なのだ……。本当に驚きました。

その秘密は「せん定」にあったのです。

果物の栽培においては通常「せん定」を行います。枝をカットすることにより、形を整えたり、日当たりをよくしたりするわけです。

せん定では普通「立ち枝」を切ります。立ち枝とは、幹や太い枝から上に向かって伸びる枝のことです。

この立ち枝を切ることにより、木をあまり高くせずに育てることができます。あまり木が高くなってしまうと、収穫のときにはしごが必要となって手間がかかるので、木はできるだけこぢんまり、横に伸びていってほしいわけです。

また立ち枝を切ると、上のほうで枝が密集しないので、日当たり、風通しがよくなるという効果もあります。これが一般の果物栽培におけるセオリーです。

ところが道法さんのせん定方法は、この「常識」を覆す方法なのです。

立ち枝を切らず、上に伸びるように育てるのです。高く伸びた枝は、果実が実るとともにその重さで首をもたげて垂れ下がります。これが「見たこともないスタイル」だったのです。

「切り上げせん定」

横に伸びる枝、下に伸びる枝を切り、

道法さんの指導によるミカン

上に伸びる枝（立ち枝）を残すため、この方法を「切り上げせん定」といいます。

この方法で育てた果物は、いったいどうなるのか。はじめて会ったときに道法さんがもってきてくれたミカンは、本当に驚きでした。

まず皮がむきづらいのです。これは128ページで説明したとおり、皮と実がバランスよく成長している証です。食べてみてまたビックリ。甘く、酸味がよく、しっかりした味です。皮をむくのは大変だけど、中の袋（じょうのう）はとろけるほど薄いのです。

それまでもおいしいミカンは食べたことがありますが、ここまで味が濃く、これほど感動したミカンはありませんでした。

なぜ「切り上げせん定」をすると、こんなにおいしい果実ができるのか。それは立ち枝のもつ生命パワーによるのです。

立ち枝というのは、太い枝や幹から新しく伸びる枝です。この枝は切られた横枝の養分も引き受け、パワーがついているのです。

そして最も大切なことは、立ち枝は根っこを育てるのです。立ち枝が伸びると、根っこもまたグングン伸びているのです。

発芽と根っこは大きくつながっていて、新しく根が出るとそこから植物ホルモンがつくられ、上に上っていきます。その植物ホルモンが枝の先端にたまって発芽が行われます。

発芽した芽からもまた新しく植物ホルモンが出て、それは下に下がって根に行き着き、そこでまた根が育つわけです。木はこの循環によって育ちます。

自然栽培では「根っこ」をとても重視します。根っこが土中深く伸び、自分で養分を探すのです。

立ち枝と根っこはセットのようなもので、立ち枝を切ってしまうと、根っこは切った量だけ枯れてしまうのです。

木を支える根っこがしっかりできていなかったら、強い木が育たない。こんなにもったいないことはありません。

切り上げせん定

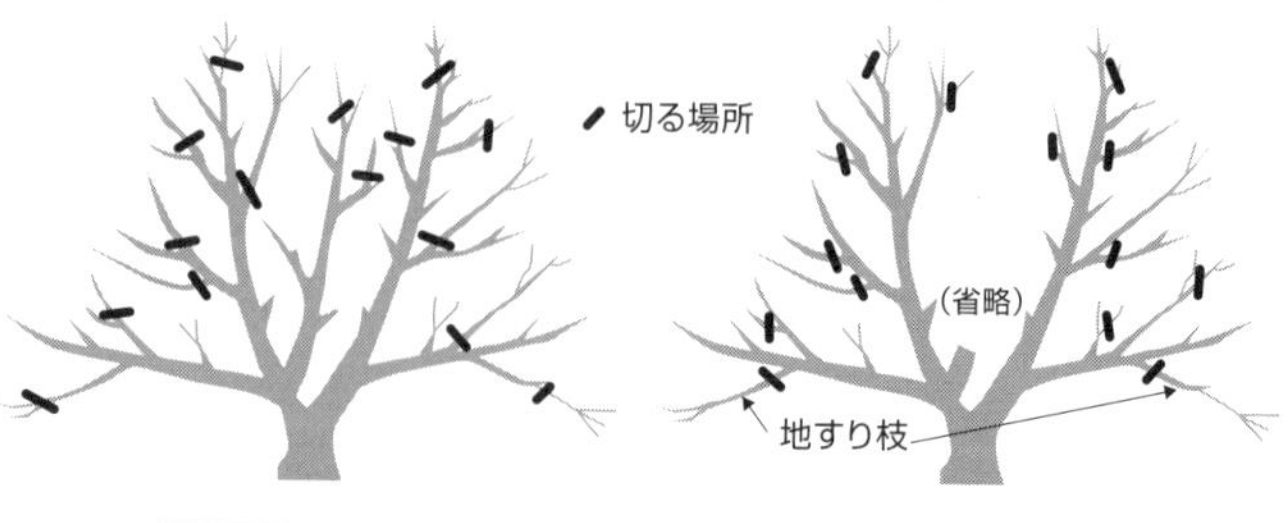

一般的な切り方

立ち枝を主に切り
横枝にそろえるように切る
(切り下げ主体)

切り上げせん定

地すり枝は切るが、
立ち上がった枝は絶対残す(切り上げ主体)
全体になるべく寝ている枝を切る

根っこがしっかり育てば、その作物は肥料も農薬の必要もありません。実際に、道法さんは、この「切り上げせん定」を行うようになってからというもの、どんどん肥料、農薬が減っていき、最終的には完全な自然栽培が実現できたのです。

それも毎年、いい果実ができるといいます。ミカンは通常、隔年結果といって果樹の結実の多い年と少ない年とが一年おきに交代するのが一般的です。しかしこの「切り上げのせん定」は常に若い枝を残すので、毎年、元気ハツラツの実をつけてくれるのです。

自然の力で病気を治したレモン

道法さんはもともと柑橘《かんきつ》農家に生まれ育ち、将来はあとを継ぐつもりで、大学卒業後は1年間、果樹試験場に通った経験をもちます。

その後は広島果実連の指導者として勤務していました。そのときにご両親が亡くなられて、実家の果樹を栽培することになりました。そこで、土日だけ果樹園に通うという兼業スタイルを始めたのです。

しかし、その果樹園のある場所は瀬戸内海の島。当時はフェリーで2時間半もかかり、通うだけでも一苦労だったといいます。肥料や農薬の散布のタイミングを逃すこともたびたびだったそうです。

当然、レモンは「かいよう病」にかかってしまったそうです。かいよう病は、農薬を使わないと絶対に止まらないといわれている病気です。

「あの園はもうダメだろうな」と思いながら次に行ってみると、なんと、かいよう病が自然に治癒しているのです。

道法さんはこのとき、自然の力に感動したそうです。結局、植物には自力で病気を癒し、自分で伸びていく力が備わっていて、人間が農薬をまいたり肥料を与えたりするのは、植物のもつ力を退化させているだけだと気づいたのです。

なかなか果樹園に通えないという事情もあり、省力化は道法さんにとっても渡りに船でした。こうして自分で一つひとつ実験をしながら、独自の自然栽培を完成させたのです。

いまではナチュラル・ハーモニーのセミナーでも、道法さんに講師として来ていただいています。セミナーに来た果樹農家の人は、いままでの常識的な栽培方法とあまりにも異なるため、唖然としてしまう方も多いのです。

しかし、ここに本質があるのです。

果物の農薬問題は、野菜よりも深刻です。前述のとおり、イチゴは平均60回も農薬をまいてつくられます。そのイチゴを、子どもたちは何も知らずに、おいしそうにほおばっているのです。

農薬を使わない安全な果物が当たり前になる日が来ることを願ってやみません。

肥料の使われていない山で自然栽培の野菜はつくれるか

「農薬や肥料の使われていない、うちの裏山に、キャベツやトマトの種をまいて放っておけば、自然栽培の野菜が育ちますか?」

このような質問を受けることがあります。

これは、「山の自然」と「野原の自然」と「水辺の自然」を混同してしまっています。これらはそれぞれ姿が違うのです。もっといえば、土の構造が違います。

植物は、それぞれに適した環境に生えます。

ということは、私たちが作物をつくるときは、それぞれの自然の姿を再現すればいいということになります。たとえば、果樹であれば「山の自然」を模倣すればいいのです。畑をつくりたいのなら「野原の自然」を再現すればいいいし、稲を栽培したいのなら「水辺の自然」を参考にすればいいのです。

山、野原、水辺はぞれぞれ土の構造が違うから、どんな土でもいいというわけにはいかないのです。だから、裏山に野菜の種をまいたとしても、しっかりした作物はできません。

時々、有機栽培の生産者で、稲わらを畑にすき込む人がいます。

自然栽培においても、その土の構造を維持するために植物の残渣《ざんさ》を使うことがありますが、使ううえでのルールがあります。稲わらは水辺の植物ですから、畑に使うことは自然の法則からはずれます。稲わらは畑ではなく、田んぼに還さなければいけないものです。

また、腐葉土を野菜の栽培に使うことがありますが、落ち葉を畑や田んぼに入れることも自然の秩序を乱すことです。腐葉土は、山の性質を帯びていますから、果樹には適しているといえます。

もちろん稲わらも落ち葉も、畑に使っても土に還るには還りますが、それを行っていると、だんだん畑としての土の構造が変わっていってしまうのです。還したものが、その土をつくるのです。

たとえば稲わらを畑に使いつづけると、その畑は田んぼのようなネバネバの土になっていきます。その土は、野菜の栽培には適さない土となってしまうのです。どうしてもわらを使いたければ、その畑に麦を植え、その麦わらを使えば自然の理にかないます。

たしかに肥料を使えば、どこに何を植えようと、どんな植物残渣を使おうと、それなりに育つでしょう。しかし、自然栽培では肥料を使わない分、より繊細に自然界と対峙していく必要があるのです。

不耕起栽培について

「不耕起栽培」についてもよく質問されるので、お答えしたいと思います。

不耕起栽培とは土を一切耕さず、無肥料・無農薬栽培を行う方法です。私たちが自然栽培といっているものは、土を耕してそこに植え付けをしますから、不耕起ではありません。

不耕起栽培は、自然栽培の最終的な目標だとは思います。それこそ本当に自然の形に近い栽培方法です。

しかし不耕起栽培を行うには、それが可能な「土」であることが絶対条件です。不耕起栽培は、かなり清浄化が進んだ、本当にいい状態の土でないとできないのです。

実際、不耕起栽培にチャレンジしてみたものの、挫折して私たちのところにＳＯＳを出してくる人も少なくありません。

不耕起栽培といっても、なかには「除草剤」を使う人は結構います。耕さない、草は抜かないという理論ですから、雑草はどうしても生えてしまうのです。しかしながら、除草剤を使った時点で、自然栽培の概念からは大きくはずれます。

田畑という自然環境では、人が加わってその環境を悪化させることもできるし、清浄化のスピードを速めることもできるのです。

不耕起栽培は一見、自然に近い、理想的な栽培方法ではありますが、理想は一日にしてならずだと思います。

自然栽培は、過去の土の清算なしに成り立たないこと、それには大変な時間がかかることはすでに述べました。

不耕起栽培は理想の形ではありますが、現実問題として、いますぐできるわけではありません。少なくとも営農を目指すのであれば、長期的展望に立ち、段階を踏んでやっていくことが望まれます。自然栽培を20年、30年やっている成田生産組合でさえ、まだ不耕起のレベルの土にまでは達していないといいます。

われわれが目指す自然栽培は、ただ耕さない、草を抜かない、人が関与しないという栽培法ではなく、人も自然界の一部として一緒に共同参画して作物と人間のコラボレーションでエネルギーを高めていくというものです。

そして清浄化が進み、ほとんど耕さなくていい、種をまくときにちょっと耕すレベルですむような、そんないい状態の土ができたときこそ、不耕起栽培が実現化します。

私は、将来的には日本の農地は不耕起栽培に向かうべきだし、それが可能であると思っています。

田畑一枚一枚からの日本列島を清浄化し、地球を洗濯していく。それが自然栽培のひとつの使命です。

家庭菜園で自然栽培はできる？

「家庭菜園で自然栽培はできるのでしょうか？」

家庭菜園人気のせいか、この質問もよく受けます。

自然栽培は大地のエネルギーを最大限に生かす栽培方法ですから、大地から離れる分、家庭菜園は難しいというのが実際です。もちろん広い庭があればいいのですが、プランターなどでは大地から無限のエネルギーを得ることができません。

しかし、まったく不可能ということではありません。家族分の毎日の食料を確保するのは無理でしょうが、観賞用というか、たまに食べるぐらいのものなら可能です。

まず土の確保が問題です。

よく家庭菜園用としてホームセンターで売られている一般的な培養土は、すでに肥料が混ぜられていますから、自然栽培には不向きです。しかし、探せば「無肥料」の培養土がありますから、そういうものを入手してください。

種は、固定種のようなあまり加工されていないものでないと難しいと思います。品種でいえば、インゲン、ミニトマトなどがつくりやすいと思います。

または、完全な自然栽培はあきらめて、多少の虫を我慢することを前提にですが、動物の糞尿ではない、ぬかなど植物系の肥料を多少含ませた土を使えば、育てる種類ももう少し幅が広がると思います。

また、先ほど土地の清浄化に役立つと述べた大豆を利用するのも、ひとつの手です。ミニトマトなどの作物と一緒にプランターの端に大豆を植えます。大豆がもっている、空気中にある窒素を固定する能力に依存する形にはなりますが、自然栽培に近い状態にもっていけると思います。

自然回帰ではなく、未来に向かう新しい農法

いまの農業はコストがかかりすぎます。

普通、農業には肥料代、農薬代、種代、機械代、燃料代、人件費などがかかります。ビニールハウス、保温や遮光用などのさまざまなシート、防虫ネット、収穫袋、ひもやロープなども必要です。最もかかるのはやはり農薬と肥料で、資材屋が来ては「これがいいよ、あれがいいよ」といろいろセールスしていきます。

おまけにＪＡＳ認証などをとるとなると、かなりの費用がかかります。

私にいわせれば、それらの多くはムダなお金だと思うのです。肥料・農薬を使わず、自分で種をとってつくれば、コストは最小限ですむのです。

気象の変化に強く、環境にやさしく、コストがかからない。自然栽培こそが21世紀にふさわしい近未来型の農法だと信じています。

自然栽培とは太古の昔に戻った栽培法だととらえられることがありますが、それは違うと思うのです。

たしかに種は昔ながらの自家採種に戻ることになりますが、肥料の概念は有機農業とか化学農業の歴史をひととおり経験し、それを総括していい点、悪い点をうまく統合して次のプランニングをしていくのが、自然栽培の概念なのです。

自然回帰ではなく、未来に向かう新しい農法といえるわけです。

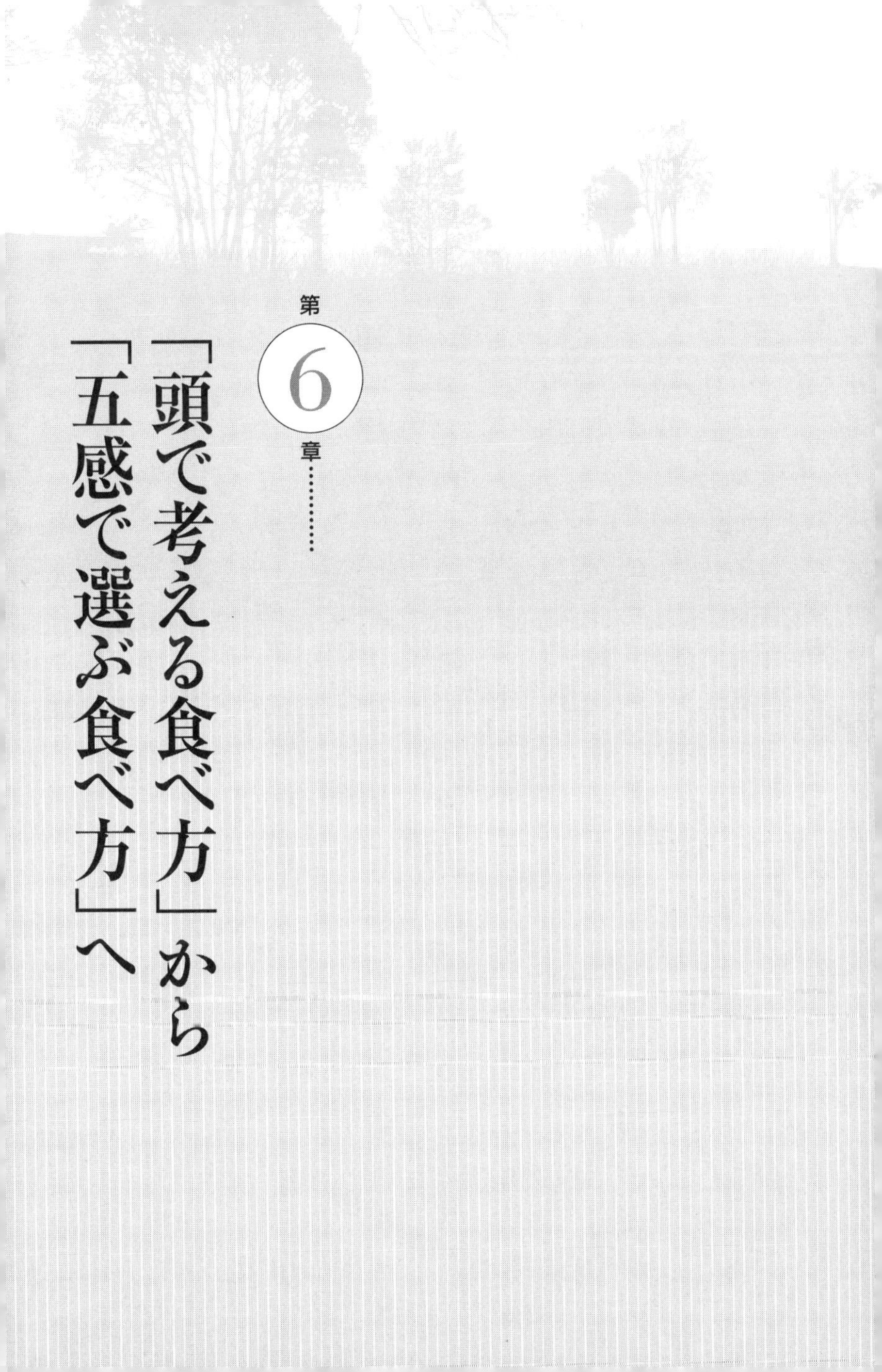

第6章 「頭で考える食べ方」から「五感で選ぶ食べ方」へ

食べることは生命をいただくこと

繰り返しになってしまいますが、食べることは「生命」を体に取り入れることだと私は考えています。

木村さんのリンゴはすごいと思います。実を切って瓶に入れておいたら、種から芽が生えてきたのです。すさまじいまでの生命力です。

こうした自然に則した強い生命力、高いエネルギーの食べ物を体に取り入れることが、食の本質だと思うのです。

そして自然に反する食べ物は、できるだけ体に入れないことです。それを見分ける具体的な方法については、すでに述べました。つまり、その食べ物が「発酵する食べ物か、腐る食べ物か」ということです。

本当に力のある食べ物、自分の力で発酵するお米や野菜を食べることこそが、私の基本的な食の理念です。これが姉の死を教訓に、試行錯誤の末、たどりついた結論です。

しかしながら、ここで決して見逃してはならない大切なことがあります。それは「食べ方」です。

自然食といいますが、「食材」だけでなく「食べ方」も自然であってはじめて自然食だといえるのです。逆に食材が自然でも、食べ方が不自然であれば意味がありません。反対に、食べ方がどんなに自然でも、食材が劣悪ならば意味がないのです。

ここでいう「自然な食べ方」とは、自然界を模範にした食べ方ということです。この章では、健康を維持するための「食べ方」について述べていきたいと思います。

ただし、あらかじめお断りしておきたいのは、ここに書いてあることを「鵜呑み」にはしないでほしいということです。ここに書いてあることは情報提供であり、私からみなさんへの提案にすぎません。あとはご自分で考えて答えを出していただきたいと思います。

栄養成分なんて無視していい

34年前、私は自然栽培から「自然と調和する生き方」を学びました。そのとき決意したことがあります。それは「今後は栄養成分を一切無視する」ということです。

驚かれる方もいるかもしれません。栄養学の常識からすれば、とんでもないことです。しかし、私は「頭で考えた食べ方」というのは不自然極まりないことだと思うのです。

「野菜を1日に何グラムとろう」とか「肉や魚のたんぱく質は何グラムとろう」といったことは、すべて「頭で考えた食べ方」です。

栄養学では1日に必要なビタミンがこれこれ、ベータカロテンがこれこれと計算して、1日に野菜350グラムなどと算出するわけです。

しかし、たとえば自然栽培のニンジンの場合、普通のニンジンと比べると、ベータカロチンが3倍もあったりします。ほうれん草だって、ビタミンCの量は全然違います。それだったら野菜は350グラムではなくて100グラムで十分ということになり、話が根本から狂ってきてしまうのです。

そもそも野菜の栄養価もこの何十年かで減少してきているわけです。

ほうれん草のビタミンCは20年前の半分になっているそうです。だったら昔の2倍とらなければいけない、いやそれは無理だからサプリメントで補おうと、そういう流れになってしまうわけです。これはすべて「頭で考えた食べ方」です。

食とはそのようなものではない。人間も自然界に生きる動物なのですから、自ら食べるべきものを自分で選び取る力が備わっているはずです。

では、どうすればいいのかというと、答えは非常にシンプルで、「五感

野菜の栄養価の変化

		1950年	1963年	1982年	2000年	50年でどう変化したか？
ほうれん草	ビタミンA	8,000	2,600	1,700	2,310	71%減
	ビタミンC	150	100	65	35	77%減
	鉄分	13	3.3	3.7	2	85%減
ニンジン	ビタミンA	13,500	1,300	4,100	4,950	63%減
	ビタミンC	10	7	6	4	60%減
トマト	ビタミンA	400	130	220	297	26%減
	ビタミンC	20	20	20	15	25%減
大根	ビタミンC	20	30	15	12	40%減
キャベツ	ビタミンB_1	0.08	0.08	0.05	0.04	50%減
	ビタミンB_2	0.3	0.05	0.05	0.03	90%減

※可食部100gあたり。ビタミンAはビタミンA効力（単位I.U.）。それ以外は単位mg
（出典）「日本食品標準成分表」（文部科学省 科学技術・学術審議会、資源調査分科会）

にしたがって食べたいものを食べる」ということです。

「五感」を活用すれば、おのずと自分で食べるべきものは選べるはずなのです。頭で考えて食べているうちは、自然と順応していないということです。

ただし、ベースが狂ったまま、「五感」が働いていない状態でいきなり始めても、うまくいきません。

甘いものの食べすぎ、加工食品の食べすぎ、食品添加物のとりすぎ、そういった食生活では味覚は狂いがちです。食べ物の味が薄く感じる、何を食べても味がしないという「味覚障害」、何にでもマヨネーズをかけて食べる「マヨラー」などが問題視されていますが、これもすべて「五感の狂い」から生じているものです。

まずはそこをリセットするところから始めなければいけません。

「食べるべきでないものを食べない」「食べるべきものを食べる」

では、どうしたらリセットできるのかというと、まず「食べるべきでないものを食べない」、次に「食べるべきものを食べる」という2つの面から考えたほうがいいと思います。

まず、なるべく加工品、食品添加物の多い食品を控えてみることです。これらは間違いなく味覚を麻痺させます。

たとえばコンビニ弁当をしょっちゅう食べている人ならば、まずこれをやめてみる。加工食品や冷凍食品に頼りがちの主婦は、なるべく手づくりを心がける。

それから白砂糖も味覚を麻痺させるもののひとつなので、なるべく控えてください。甘いものを食べてはいけないというわけではありません。ブラウンシュガー、黒砂糖など、精製されていない砂糖を使う分にはかまいません。もちろん大量に食べていいわけではなく、ほどほどをわきまえましょう。

これを1カ月やってみてください。

1カ月というと長いと思われるかもしれませんが、だんだん体が慣れてきます。自分の嗜好がどう変化するのか、自分の体で確認してみてほしいのです。

そうやってしばらく続けてみると、執着がとれてきます。だんだん「甘いものを食べたい」「肉が食いたい」「カップめんが食べたい」とは思わなくなってくるのです。

ただし、年齢的なことは考慮しなければなりません。

20歳の若者が肉を食べたいと思うのは、それは自然なことですから、食べていいのです。その場合は、できるだけいい肉を食べてほしいと思います。それも食べすぎないことです。いい肉を少々いただくというのがいいと思います。

そうやって自分の体をリセットしていくと、今度はだんだんセンサーが働きはじめるのがわかるはずです。作物でいうと「肥毒」が抜けてきた状態です。すると、だんだん自分の判断に自信がついてきます。

食材の「幹」となるものは米と味噌

次にすべきは、「自然の摂理にかなった食べ物を食べる」ということです。毎日はできなくても、少しずつでも生活の中に取り入れてほしいのです。

何から何まですべてこだわるのはたしかに理想的ですが、現実的には難しいことです。自然の摂理にかなった食べ物といっても、いまの日本では限られていますし、経済的な事情もあると思います。

私だって地方出張のときなどは、市販の弁当などを口にすることもあります。

あまりに完全を求めると、その先にあるのはストレスと挫折です。

そこで私が提案しているのは、食生活の「幹」となる部分だけは、しっかりといいものを確保してほしいということです。それは何かというと「米」と「味噌」です。

まず米は、いうまでもなく日本人の主食。ほかの食べ物とは食べる量が違います。米は私たちの活動の源となるものですから、ほかの何をさておいても質のいいものを食べてください。米にだけは投資を惜しまないでほしいと思います。

味噌は味噌汁として毎日のようにとるものですから、本物の発酵食品をとってほしいと思います。

この「幹」の部分さえしっかり押さえれば、あとは「枝葉」の部分なので、できるかぎり気をつけるというスタンスから始めればいいと思います。たまの外食や嗜好品、お菓子なども適度に楽しんでいいと思います。

どんな米を選ぶべきか

では、いい米とはどんな米でしょうか。

いま、日本でいちばん売れているのはコシヒカリです。

コシヒカリは、甘みやモチモチ感といった食味を向上させることを目的に、もち米の要素を取り入れた米です。お赤飯やおこわなど、日本人はもち米を長年、特別な日、ハレの日のご馳走として食べてきました。ということは、これを常食するのは私たちの体にとって無理があるということではないでしょうか。

コシヒカリはもち米と交配しているわけですから、非常に糖度が高く、糖尿病の原因になっていると指摘する医者もいます。

お米アレルギーという方で、「コシヒカリは食べられないけど、モチ米系ではないササニシキは食べられる」という人は結構多いのです。お米アレルギーというのは米そのものよりも、こうしたことに反応している可能性もあるのです。

ササニシキに代表されるうるち米ならば、糖度もさほど高くなく、あっさりしているのでたくさん食べることができます。たくさん食べても体に負担がかからないから「主食」というのです。

モチモチして甘みがあり、味の濃いものは毎日食べるものには向きません。「冷めてもモチモチ」というのは、明らかに不自然なことなのです。

また、93ページで述べたようなコシヒカリの遺伝子を操作してつくられたお米「ミルキークィーン」を、いくら「無農薬でつくりました」「有機栽培だよ」といわれても、片方のタイヤがパンクした車のような気がします。

遺伝子操作したお米が、知らぬ間に私たちの口に入ってしまっている、その可能性を誰もが拭い切れない状況にあるのです。

そもそも日常にはうるち米を常食し、ハレの日にはもち米やご馳走を食べるというのが、私たちが祖先から引き継いできた食べ方だったはずです。それが日本人にとって最も自然な食べ方だったのでしょう。

過度においしさを追求したような品種は、なるべく避けるべきだと思うのです。

このことから、私たちはササニシキに代表されるうるち米をおすすめしています。ただし自然栽培を行うと、コシヒカリであっても、どうもうるち系の性質を表す傾向にあるようで、自然栽培のコシヒカリはモチモチ感が薄れ、適度にあっさりした食味になっていくようです。

味噌こそは最強のサプリメント

味噌は、どんなものを選べばいいのでしょう。

味噌は発酵食品ですから、米味噌の場合、つくるのには最低でも10カ月という時間（醸成期間）がかかります。

ところがいまスーパーで売られている味噌は、促成でできる菌を使って数週間から1カ月ほどで速醸させたインスタント味噌です。こうした味噌は熟成が足りないため、味噌本来の風味がありません。だから、化学調味料を添加してごまかしているのです。

使われる大豆も安い輸入品で、大豆の皮だけかもしれません。当然、微生物の働きは乏しく、「発酵食品」と呼ぶにはあまりにお粗末なものです。味が味噌に似ているだけの、「味噌もどき」といっても過言ではありません。

本当の味噌はじっくり時間をかけて醸成させ、この間に素材の中にカビや微生物が入り込み、「生理活性物質」が生み出されます。生理活性物質とは、私たちが生きるうえで大切な栄養である、酵素、糖分、ホルモン、ビタミン、アミノ酸、さまざまな有機酸などを指します。いまの科学では分析できていない物質もいろいろあることでしょう。

つまり発酵食品とは、これらの生理活性物質の宝庫なのです。味噌をはじめとした発酵食品は「素材」「微生物」「時間」が育みます。この3つの要素のつながりとバランスからつくられる、素晴らしい大地からの恵みなのです。

本物の発酵食品には「活性酸素の除去能力」があります。

活性酸素は、体内に入ってくる異物などを攻撃してくれるありがたい存在ですが、増えすぎてしまうと今度は体内の細胞を破壊してしまいます。

この性質があるために、活性酸素は諸悪の根源、万病のもとなどといわれます。そしてこの活性酸素の除去をうたう食品やサプリメントがたくさん発売されています。

しかしそんなものにわざわざ頼らなくても、日本人には古来より受け継がれた本物の健康食品・味噌汁があるのです。

私が農業修行にいっているとき、生産者の方に「とにかく朝一杯の味噌汁を飲め」といわれたものです。味噌汁は朝の活力を生んでくれます。最近は味噌離れが進んでいるようですが、ぜひ本物の味噌でつくった味噌汁をしっかり飲んでほしいと思います。

そうやって毎日「おいしいね」といって食べていく中で、いつの間にか体ができていくのが本当の「健康」ということではないでしょうか。

化学物質過敏症の人が教えてくれること

化学物質過敏症の方々です。

「もうここにしか食べられるものがないから」と、うちにお問い合わせをいただくことがあります。化学物質過敏症とは、非常に微量な薬物や化学物質の摂取によってアレルギーが起こる健康被害のことです。

建物に使われる建材、塗料、接着剤から放出される「ホルムアルデヒド」などに反応して体調不良を起こす「シックハウス症候群」も化学物質過敏症の一種です。

症状はめまい、肩こり、倦怠感、不眠、呼吸困難などで、重症になると仕事や家事さえできない、学校にも会社にも行けないといった深刻な事態となります。食べるものも、食品添加物や残留農薬などに反応してしまう場合があるのです。

しかし、本当はこういう人たちはものすごくピュアで、「異物」が侵入してくることに対して、ものすごく防御力が高いということだと思うのです。

だから、化学物質過敏症の人たちが食べられるものこそが、人として本来の食べ物ではないかと思うのです。

以前、重度の化学物質過敏症の人からお手紙をいただきました。

この方（女性）は身のまわりの化学物質に反応してしまい、ほとんど何も食べられなくなり、ついには水さえも飲めないほどの重い症状に陥ってしまったそうです。

そんなとき、「木村さんのリンゴ」に出会ったそうです。農薬を多く使うリンゴは、それまでは食べられることができなかったのですが、木村さんのリンゴと、そのリンゴでつくったジュースだけは大丈夫だったというのです。

その人は、リンゴそのものではなく、リンゴの農薬や肥毒に反応して食べられなかっただけなのです。

彼女はその後、自然栽培の野菜をいろいろ試し、サツマイモ、タマネギなど少しずつ食べられるものを増やしていきました。

彼女は自然栽培に出会うまでは、「自分の体が弱いから何も食べられない」と思い込んでいたそうです。ところが自然栽培に出会ってからは、世の中の食べ物のほうにも問題があるのだと気づいたのです。

化学物質過敏症の方々には、本来人間が食べるべきでない食べ物を感知する、非常に高度なセンサーが働いているのだと思います。それは、もともと私たち人類がもっていたものであるはずです。

何を食べ、何を食べるべきでないか、自分の「五感」を働かせれば、私たちは必ず「本物」を見極めることができるはずなのです。

「正しい食べ方」なんてない

「女房が食べろというから仕方なく食べている」

「おいしいとは思わないけど、健康にいいから……」

「ホントは◯◯が食べたいけど、健康に悪いから我慢している」

「またこれか。正直しんどいけど、健康のために飲まないと……」

健康のために、ある特定の食品を食べている人は多いものです。

しかし、しんどさや我慢を覚えるなら、それは「不自然な食べ方」をしているがゆえの自然な反応、欲求です。こんな食べ方で、はたして健康になれるのでしょうか。

世の中にはじつにさまざまな「食べ方」があります。

まず「よくかんで食べよう」「三食しっかり食べよう」は常識化していますが、一方で「朝食は不要」という説もあります。かむ回数を意識している人もよく見かけますが、かむ行為はものをくだいてのどを通すためのもので、人は何も考えずにそれを日々やっている、それが自然だと私は思うのです。

食事の方法としては、玄米食に雑穀食、菜食主義、マクロビオティック、生の食材を食べるローフード、薬膳料理に精進料理。食品では「肉料理や脂肪分を控えよう」に始まって、「牛乳を飲んではいけない」という人もいれば、「卵を食べてはいけない」という人もいます。米やお菓子などの糖質がいけないからと糖質除去を主張する人もいます。

「野菜や果物ではビタミンが足りないからサプリメントをとろう」という説も根強いし、一方では単品健康法も流行ってはすたれていきます。ココア健康法、キャベツ健康法、黒豆ダイエット、バナナダイエットなどなど……。それから「水をよく飲もう」という人もいれば、「水は体を冷やすからいけない」という人もいます。

数えあげればきりがないほどの「食べ方」があり、何がいいのか悪いのか、調べれば調べるほど迷宮に迷い込んだようなもので、答えが見つかりません。

本来、そんな情報に躍らされる必要はないのです。私たちの体は自然そのものです。何を食べればいいかは、体という「自然」が教えてくれるはずです。

体の声に素直になることこそが、究極の健康法にほかならないと私は思っています。

「五感」で選ぶ食べ方へ

こうやって「五感」を働かせて食べ物を選ぶようになると、自然に食べたいもの、おいしいと思うもの、嗜好が変わると述べました。

たとえば私の場合は、霜降りの牛肉などは焼いたときの臭いが鼻をつきます。

霜降りの牛肉は非常に価値の高いもの、高級なものということになっていますが、「裏側」を知れば誰もが積極的に食べようとは思わないでしょう。

あれは牛のエサを変えて無理に脂肪を蓄えさせるのです。

ビタミンAを欠乏させることによって、筋肉繊維のあいだに脂肪が入ります。ビタミンAの極端な欠乏で、牛は目が見えなくなり、最後は自分の力で立てないぐらいヨボヨボになるといいます。そんな不健康な牛を「おいしい」といって食べているのです。

しかし「五感」が冴えてくると、そういう不自然なものを体が受けつけなくなってきます。「五感で選べば、米はやはり玄米食になりますか？」とよく聞かれますが、必ずしもそうとはいえません。玄米にもメリットもあればデメリットもありますし、体に合う人もいれば合わない人もいます。完全なものではないのです。玄米さえ食べていれば大丈夫というわけではない。肥料や農薬を使った玄米より、自然栽培の白米のほうが、よほどいいかもしれません。

私は白米が好きなので白米を主に食べますが、玄米もバリエーションとして楽しく食べています。七分づきのこともあれば、大豆を入れて食べることもあります。その時々で変化をつけて楽しんでいます。

白米も通常はあっさりしたササニシキですが、時にはコシヒカリもいただきます（もちろん自然栽培のものですが）。玄米、白米を論議する前に、まずはお米そのもののクオリティーに目を向けてほしいと思うのです。

たとえば赤ちゃんは、食べ物を自分で食べられないので、おっぱいを飲みます。歯が生えはじめたということは「食べ物を自分で処理できる体になったよ」というサインです。その合図に合わせて、離乳食に切り替えればいいのです。

いまの離乳食指導は「4カ月から」「5カ月に入ったら」などと一律に指導しています。医者にいわれたから、栄養士にいわれたから、離乳食を始めるというのは本来あるべき姿ではありません。赤ちゃんの体の変化が、そのタイミングを教えてくれているのです。

自然そのものである私たちの体が教えてくれることなのです。

1日30品目にこだわる必要はない

体の声に耳を傾け、体の欲するものを食べると述べましたが、「家族で食事をする場合の献立はどうすればいいか」という質問をよくいただきます。

たとえば主婦が料理をするのであれば、主婦が食べたいものを基準につくっていいと思います。

献立を考える際、主菜が肉か魚で、付け合わせの野菜は生野菜と温野菜の両方で、豆も食べなければいけないから納豆、たまにはきのこや海藻も取り入れなくては……、などと栄養バランスを基準にすることが多いと思います。1日30品目をとろうと一生懸命になっている人もいるでしょう。

しかし、それもまた「頭で考える食べ方」です。

考えなくても、日本人なら米と味噌汁と漬け物を基本に、おかずをつけるという原点があるわけです。ご飯と味噌汁をベースに据えて、そこさえ大切にすれば、あとはそこに旬のもの、食べたいものを取り入れていけばそれでいいのです。それは魚だったり、季節の野菜だったりするわけで、そういうものを適宜取り入れていけば十分です。

日本には旬の食べ物、食べ方というものがあります。アナゴとキュウリ、ぶり大根など。これはいってみれば、そのときの旬の海産物と農産物のコラボレーションです。そういう日本の伝統的な食というのがあるのです。

旬を大切にして楽しみながら食に取り入れれば、あとはもう難しいことは考えなくていいのです。

最近はハウス栽培で、野菜は旬に関係なく一年中、手に入ります。冬にトマトやキュウリを食べてはいけないかという窮屈な話ではなく、旬というベースを押さえたうえで多少楽しむ分にはいいと思います。

バランスというならば、それ自体がバランスのとれた食べ物をとることこそ大切です。米なら米、味噌汁なら味噌。あれもこれも30品目なんて必要ない。1日30品目というのは、それぞれ栄養の足りない、力のないものを集めるから、結果的に数で補いましょうという話なのです。

一つひとつがバランスのとれた力のある食べ物であれば、数は必要ないのです。

野菜は実際に手にもってみて「五感」で判断する

野菜の選び方についても、ここで述べておきましょう。

自然栽培の野菜を求めたいけれど、経済的な事情などでどうしてもそれができないという場合もあると思います。

そういう場合はどんな野菜を選べばいいのか。

葉物野菜については先ほど述べたように「色」が決め手となります。

そのほかの野菜は「重さ」を基準に選んでください。

手にもってみて、ずっしり重い、そんな野菜がいい野菜です。

「自然栽培野菜が手に入らないときは、有機栽培か一般栽培のどちらを選べばいいのですか?」と聞かれることもあります。

私なら、有機栽培だから、一般栽培だからと「頭」で考えずに、実際にもってみて「五感」で判断します。

その結果、一般栽培を選ぶかもしれません。一般栽培でも肥料、農薬が少なめでバランスよくつくられた野菜もあります。

それを見極めるには、やはり「五感」です。

また、化学物質過敏症のある方が、一般のスーパーの有機野菜コーナーで買った野菜で反応が出てしまったため、有機栽培、一般栽培を問わず、自分の「五感」を信じて選んだ野菜を買った結果、アレルギー反応が出なかったという話を聞いたことがあります。「五感」で選んだものは間違いがないと私は思います。

あとは、巻末の特別付録「本当に安全でおいしい野菜の選び方」を参照してください。

三食食べる必要はどこにもない

食事の回数も「五感」で決めるべきだと私は思っています。「健康のために三食きちんと食べましょう」といいますが、回数を決めること自体ナンセンスです。

空腹は最大の調味料というように、お腹がすいたというのは、「食べ物の受け入れ態勢ができていますよ」という体からのサインなわけです。

そのタイミングというのは、腹がぐーと鳴っているときです。腹が鳴るということは、食べ物が胃から下に下りて空っぽになったということです。そのときに食べるのがベストなわけです。

だから朝昼晩の三食ではなく、お腹がすいたら食べればいいのです。そもそも昔の日本人は三食ではなく二食でした。

私の場合は、朝、女房におにぎりを一個つくってもらって、それをもって家を出ます。具はいろいろで、梅干しだったり、たらこだったりです。会社でお腹がすいたらそれを食べますが、昼時になっても腹が減らなければ食べません。

食べる、食べないは時間によって判断するのではなく、自分のお腹のすき具合で決めるのです。そういう意味でも、昼食はおにぎりがいちばんいいと思います。もちろんお弁当をもっていってもいいでしょう。

家族そろって食事をするときなど、どうしても時間に合わせて食べなければならないときは、ちょっとそのあたりを走ってくるとか、少しでも時間をずらすとか、お腹のすく条件をつくる工夫をするべきだと思います。

食べ物はクスリではない！

「フードファディズム」という言葉があります。テレビなどで「ある食べ物が○○に効く」と聞くと、みんながいっせいにスーパーに走るという現象がありますが、食べ物や栄養が健康に効果があると過大に信じ込むことをいいます。

そのような話を聞くといつも思うのが、食べ物を「クスリ化」してしまっているということです。食べ物が体にいいものだとか、何の栄養がどういう症状に効くとか、そういう考え方そのものが自然に順応したものではありません。

最近、大学などで花粉症に対する免疫を、稲の遺伝子に組み込むという研究がなされています。この米を食べれば花粉症の予防となったり、症状を和らげるというものです。大変恐ろしいことだと思います。

「腹が減った」「ああ、おいしい」と「五感」にしたがってシンプルに食べて、それが結果として血となり肉となり、栄養となっていたというのが自然界の順序だと思うのです。

健康になりたくて食べるのではなく、それはあくまで結果。健康を求めて食べるというのは自然界の順序はあべこべですから、必ずおかしなことになります。

たとえばニンジンが体にいいといって、ニンジンばかり食べていたらどうなるでしょう。ニンジンだって、食べすぎれば毒になります。自然栽培のニンジンとて同じこと。ひとつのものを突出して食べるのは不自然極まりないことです。

納豆を食べると血がサラサラになるといって、みんながスーパーに殺到し、納豆が品切れ続出になったことがありました。

しかし、仮に納豆ばかり食べて血がサラサラになったとして、血がサラサラになりすぎて、ケガをしたときに血が止まりにくくなる可能性もあるわけです。

「食べること」というのは、栄養成分を計算して、その断片を体に入れるような瑣末な事柄ではないはずです。何事も偏ってはいけません。

――牛はなぜ毎日20キロもの牛乳を出せるのか？

「栄養を無視するといいますが、それでは栄養失調になるのでは？」

このように心配される方もいることでしょう。

必須アミノ酸とか、必須ビタミンとか、体内でつくれないものがあって、それは毎日少しずつ摂取しなければならないといわれています。はたして本当にそうでしょうか。

いきなりですが、ここで卵について考えてみましょう。

殻に含まれるカルシウムは、鶏からすれば大変な量です。エサの中にもカルシウムは含まれていますが、とてもそんな量では毎日1個の卵はつくれません。そうしたら体内でつくっているとしか考えられないのです。

もっといえば、牛はなぜ毎日20キロ、30キロもの牛乳を出せるのか。

食べているものは、草やわらです。牛乳に含まれるカルシウム、たんぱく質、その他の栄養のことを考えたら、草やわらのエサではまかなえるはずがない。3を食べて3を出しているならまだしも、3を食べて10を出すぐらいの比率になっているのですから。

これは仮説ですが、人間も動物も、体の中では大変な化学変化が起きていて、無から有を生じる力があるのだと思うのです。

南国の島の原住民はタロイモしか食べていなくても、ものすごく体格がよくて筋骨隆々です。タロイモにたんぱく質なんて少ししか入っていませんし、ほかに肉を食べているわけでもないのです。栄養学だけで考えていたら、あの筋肉は説明できないのです。わからないことは、いっぱいあるわけです。

私自身だって栄養のことなど一切考えずにきましたが、今日まで元気に生きています。それを農業で行ったのが自然栽培です。だから、作物には肥料はいらないのです。

生体の世界は栄養学、分析学でははかりしれない、人知を超えた世界です。科学の力で証明できないことを人は「オカルト」と呼んで片付けてしまいますが、そうではなく、目に見えないこと、ありえないことを実証することこそが科学であってほしいものです。

「ビタミンC」と「レモン」の違い

栄養学というのは食品を分析する学問です。糖質が何パーセントでたんぱく質が何パーセント、ビタミンCが何ミリグラムと細分化しているわけです。

しかしとくに野菜の場合は、さまざまな微量栄養素が混在して成り立っているわけです。なかには、人間がまだ分析しきれない要素もたくさんあるはずです。わかっていない要素は、分析のしようがないわけですから。

だったら分析して解明してどうの……というやり方で健康になれるわけがないのではないでしょうか。

たとえばビタミンCには、酸化防止作用があることが知られます。だからペットボトルのお茶（緑茶）などに食品添加物としてよく使われています。ビタミンCは体にいいものの代表的存在なので、食品添加物に「ビタミンC」とあっても、誰も気にしていないと思います。

しかし、ペットボトルの中で何が起こっているか。

お茶に含まれている酸化物をビタミンCが吸着するわけです。だからお茶そのものは変質しません。一方、ビタミンCは「酸化ビタミンC」になるわけです。

そして酸化したビタミンCは、近年は体にとって危険な物質といわれだしているのです。

一方、少し味は変化してしまいますが、お茶にレモン汁を添加したらどうなるでしょう。

レモン汁の中には当然ビタミンCが入っていて、やはりお茶の酸化を防いでくれます。ところがレモン汁の中には、酸化ビタミンCを分解する酵素もまたあるのです。だからレモン汁は「自己完結」できているわけです。

レモン汁の中にはすべての答えがあるのです。レモンは自然の姿そのものです。それをそこからビタミンCを抽出して使うのは危険なことだと思うのです。

レモンにすべての答えがあるのだから、それをただ素直にいただけばいいのではないでしょうか。

「適正価格」という考え方

「本物の食べ物というけれど、そういうものは高いのでは……」

「うちでは食費にそんなにかけられない」

このような意見をよく聞きます。

ものにはすべて「適正価格」があると私は思います。

たとえばお酢1本にしても、スーパーで買えるお酢は500ミリリットル1本が100円から150円。ナチュラル・ハーモニーで手がけているお酢（蔵のお酢）は1本（500ミリリットル）1680円です。価格差は10倍以上です。

また、天然麹を使った味噌「蔵の郷」は750グラムで1680円です。ところが、スーパーで売られている味噌はこの3分の1、4分の1の価格です。

安いものには必ず「裏側」があります。1本150円のお酢は、機械と化学的に培養した菌を使って2～3日でつくるお酢です。材料も必ずしもいいものとは限りません。われわれのお酢は製造期間が1年間かかります。それは自然栽培の米と生きた天然菌を使い、じっくり発酵・熟成させるからです。

その結果、天然の菌が生きている、こんなおいしいお酢はないしいうほど、素晴らしいお酢ができあがりました。

主婦は1円でも安いものを買おうとしがちですが、ものには「適正価格」があるのです。自然栽培、有機栽培のものは高いといいますが、むしろスーパーのほうが「安すぎる」と私は思います。見方を変えれば、きちんと商品をつくるためのプロセスを省いた結果ともいえます。

その結果、スーパーには粗悪な食品が並ぶ。その劣悪食品を、みんな一般価格だと思わされてしまっているのです。

いまの日本は安くしよう、安くしようとして、生産のシステムが狂っています。家畜もそうです。牛だったら何ヘクタールに何頭を放牧するという秩序があってしかるべきです。それを再生産していくためには何キロをいくらで売ればいいのかが出ます。それが適正価格なわけです。しかし、いまは飼育密度の問題、エサの問題、薬剤の問題などさまざまあり、「いのち」をいただいている彼らに対して申し訳ない気持ちになるほどです。

もちろん、自分は安い肉で十分だ、食べ物に金をかけたくないという人はそれでもいいでしょう。でも実際には、そうではない人のほうが多いはずです。本当は誰もがいい食材を選びたいし、安全なものを食べたいと思っているのです。

ただそういう人たちも、食の「裏側」を知らないから、安いものを買ったほうが得だと感じているのです。しかし消費者がそこに気づいて声を上げれば、メーカーや生産者もニーズに応えざるを得なくなります。

安いものを買うのは主婦がサボりたいから

もうひとつ、「安いものを買いたい、食費を安くあげたい」という裏側には、主婦（料理のつくり手）が自分がサボりたいという心理があると思います。

たとえばマヨネーズはひとつ200円とします。しかしこれを自分でつくれば、いくらでできるかということです。マヨネーズは卵とお酢と油、塩があればできます。ひとつ

70～80円する有精卵のいい卵を使っても、全部で200円もかかりません。

ほかにもポン酢、ドレッシング、めんつゆ、合わせ調味料、○○のたれなどは、全部自分でつくれます。それをつくらないで買ってしまえば、食費は当然上がります。

食費を安くあげたいというなら、そこで粗悪品を安く買うのではなく、まずは自分で工夫をしていただきたいと思います。お肉を買わなくても、おいしい大根を1本買ってくればそれでおかずはすむわけです。大根おろし、煮物、味噌汁、葉っぱは漬け物。いい大根を使えば、それで十分な食事です。

食材だけはいいものを買って、あとは自分で知恵を絞ってつくればいい。それこそが本当の節約術ではないでしょうか。

そして、その工夫を楽しみながら行うことが大切です。

その手始めに、味噌汁にだしの素を使わないことを提案しています。

いまはだしの素を使う人が圧倒的だと思います。みんなだしをとるというと、「すごく面倒くさいこと」と思い込んでいますが、一度やってみてほしいのです。

かつお節を削り、昆布と一緒にだしをとって、それを飲んでみれば、本当のだしのうまみとはこういうものかと、納得するはずです。それはだしの素とは全然違う。だしの素を使った味噌汁とは比べものになりません。だしの素を使うから、日本人はどんどん味噌汁を飲まなくなったのです。

だしをとるのは面倒だといいますが、やってみればかつお節を削ってだしをとることは、そんなに大変なことでも何でもないことがわかると思います。削るところから始めたって、5分、10分でできてしまいます。昆布だったら、あらかじめ冷水にひたすだけです。

そうやっていい材料を使って、楽しくちょっとの手間をかけてつくれば、食費だってそう高くはならないのです。

結局、安いものを探して食べても、それは粗悪品、劣悪品を体に入れているわけで、その結果、自分と家族が苦しむわけです。

先の自然栽培の話にも通じますが、目先のことだけを考えると、最後はどこかでひずみが来ます。そのときそのときは高くても、長じてから病気を寄せ付けず、健康体でいられるならば、お金のことだけを考えても、結果的にはるかに安上がりではないでしょうか。

何を食べるかは、その人がどう生きるかという「人生設計」なのです。

「お酢を飲む健康法」はなぜ間違っているか

お酢の話が出たついでに、お酢を飲む健康法について一言申しておきたいと思います。健康のためにお酢を飲むことが流行っているようですが、お酢は調味料であって飲むものではないと私は考えています。

よくお酢を飲んだら体がやわらかくなるといいますが、これはお酢に卵や魚の骨をつけておくとやわらかくなることから錯覚した迷信といわれています。

また、お酢を飲むと下痢をすることがあり、これは体の清浄化作用だしか、あるいはダイエットにつながるといわれます。しかし、お酢を飲んで下痢をするのは体に異物が入ってきたためにそれを出そうとする反応で、体にもともとある毒素を解毒しているわけではないといわれています。

こんなことをしていては、かえって体力を消耗し衰弱してしまいます。

お酢は調味料です。ほかの食材の味を豊かにするものです。寿司はおいしいですが、ではお酢と米と醤油とネタとわさびをそれぞれ別に食べようと思っても、食べられるものではありません。そこに料理の妙があるといえます。ほかの食材と組み合わさってはじめてその役割を果たすのが、お酢ではないでしょうか。

私が伝えたいのは、何かに頼って健康になろうとする生き方ではなく、腐らずに発酵し自然にお酢になっていくような自然と調和した生き方です。

どうぞお酢に頼らず、お酢を生かしてください。

子どもの好き嫌いをどう考える

子どもの好き嫌いで悩む親は多いものです。

たとえばジャンクフードやジュースを日常的にとっていて、それで「五感」のセンサーが大きく狂ってしまっている場合もありますが、そうでなければ、その食べ物が「おいしくない」という可能性があります。

ニンジン嫌いの子が、自然栽培のニンジンなら食べられたという話はよくあります。味噌汁が嫌いで家では絶対に飲まない子どもが、うちでやっているレストランの味噌汁はおかわりをしたといって、驚いたお母さんがいました。

子どもがニンジンを嫌がるのは、栽培中に使われた農薬や肥料を体に入れたくないから食べたくないといっている可能性だってあるわけです。ニンジンが嫌いなのではなく、肥料・農薬漬けのニンジンが嫌いなのかもしれません。

味噌汁も同じで、だしの素と大量生産品の味噌がいやなのであって、天然菌の味噌ならば喜んで飲むことはよくあります。

そこを見極めなければいけません。その子はセンサーが正常に働いているから、劣悪な食べ物を拒否しているだけかもしれません。

本当にいいもの、おいしいものなら、子どもは喜んで食べるのです。

素材が劣悪なのに、「ニンジン嫌い」「野菜嫌い」と決めつけてしまうのは、あまりにも乱暴な議論のように思えてなりません。

野菜といえども偏ってはいけない

前述したように、野菜といえども同じものを大量にとれば、それなりの副作用がありま す。

ニンジンでもほうれん草でも、お茶でも同じでどんなに体にいいといわれているものでも、食べ物には必ずメリットとデメリットがあるのです。だから偏りをなくすこと、とりすぎないことは大切だと思います。

しかしその中で、米だけは大量にとっても副作用がない、もしくは副作用が非常に少ないと私は思います。だから昔の人は、米を主食に選んだのだと思うのです。

このお米をベースに、自分の食べたいものを食べる。これが食の本来のあり方です。ビタミンをとろうとか、鉄分が不足しているとか、頭で考える必要は一切ありません。

牛乳なんか飲みたくないのに一生懸命飲んでいるお年寄りがいますが、無理やり飲む必要などまったくないのです。

もっと自由に自分の感性を信じて、自分がいま何を欲しているのか感じ取って、そしていい素材のものを食べてください。

肉も、体が欲していたら食べてもいいのです。ただ病気のときは肉食を控えるというのはあると思います。普通は症状が進んでいるときに焼肉を食べたいとは思わないものです。

そういう感覚を大切にしていけばいいはずなのに、誰かの意見を聞いて鵜呑みにしてしまうのが、いまの日本人の姿ではないでしょうか。

「いい水」が自然ととれる野菜

水は難しい問題です。理想は消毒をしない、化学薬品も何も添加しない水ですが、いまの水道水は窒素の問題を含めて、理想とは程遠いものになっています。

ペットボトルの水を買う人も多いのですが、あの水にしても日本の法律では加熱殺菌処理かフィルターろ過をしないと販売してはいけないことになっています。

海外ではミネラルウォーターの加熱殺菌処理は禁じられています。それをしてしまってはミネラルウォーターとはいえないわけです。その点ではいい水といえるのですが、海外の水には硬水が多く、日本人にはなじみづらい部分があります。また先だって有名ブランドの水からヒ素が検出されるなど、安全性に不安もあります。

本当は、誰もが天然水を飲める社会につくり直さないといけないと思います。塩素処理しなくても、水道水から天然水が出てくる世の中になることが理想です。

では、いま現在はどうすればいいのかというと、これも自然栽培の野菜が大きな一助となってくれるのです。

というのは、自然栽培の野菜を食べるだけで、自然といい水をとることになるからです。水というと「飲み水」を最初に思い浮かべますが、飲む水とは別に「野菜などの食べ物からとる水」も見逃せません。

植物はほとんど水分でできています。自然栽培の野菜は腐らないと述べましたが、その理由は、自然栽培の野菜が含む水の状態がいいということも手伝っていると思います。

一般栽培、水耕栽培は、基本的に水道水を使います。この過程で、水道水に含まれる塩素などの不純物が作物に作用してしまいます。

一方、自然栽培では基本的には、人為的には水をまきません。雨水と夜露と地下水だけです。土の保水力が強いので、水をまく必要がないのです。

では酸性雨はどうなのかという問題があります。これは非常によく聞かれる質問です。たしかに雨水は、昔と違って化学物質に汚染されてきてしまっています。

しかし、たとえ酸性雨が降ったとしても、それを清浄化する力が土中にあると思うのです。土はフィルターで、清浄化・ろ過の能力は、歴史が証明していることです。

自然栽培の野菜が虫食いや病気におかされることなくできるのは、清浄化されている証拠だと思っています。

第7章 医者にもクスリにも頼らない！ 自然と調和する生き方

「メカニズムは土も人間も一緒なのだ」

20代のはじめ、農業武者修行に出ていたとき、私は自然からさまざまなことを学びました。

野菜はそのままで根を伸ばし、土から栄養を吸い取る力をもっています。それなのに人為的に肥料を与えることによって、かえって野菜の力、そして土の力を衰えさせてしまっているのです。

そして土を人間の勝手な所為で汚してしまったための副作用として、病気や虫が発生しているのです。今度はそれを押さえ込むために農薬を使う……。悪循環です。

そこで思ったのは「人間も同じなのではないか」ということです。

私たち現代人は、食べたいものを食べたいだけ食べられるという恵まれた環境で暮らしています。その一方で、食べすぎや運動不足などが引き起こす生活習慣病も深刻化するいっぽうです。

「そうだ、メカニズムは土も人間も一緒なのだ」

このとき私は直感したのです。

人間も大いなる自然の一部なのだから、自然の摂理に逆らって生きていけるはずがない。人間も土と同じように必要なものはすべてつくられていて、ピュアになればなるほど、その作用は強く働くのだ。クスリなどは、人間の自然体としてのメカニズムを壊してしまう最たるものだと思うです。

自然栽培の考え方こそ、人間を真に健康に導くものなのだ——。

姉の死から10年たったころ、やっと私には健康への指針が見えてきたのです。

「栄養素という概念を捨てよう」というのは18歳のときにすでに決意していたことですが、このときはっきり再確認しました。「頭で考えた食べ方」ではなく、『いま、自分は何を欲しているのか」という「五感」で選ぶ食のあり方こそが、「自然」だと学んだのです。

「五感」を磨き、本来の健康な姿を取り戻すためにも、自然栽培の野菜を食べることは、とても大きな意義があるのです。

またクスリやサプリメントに安易に手を出さないことも、このときに決めたことです。自然界にあるものは、微量で複雑な要素が絡み合ってバランスをとっています。人間が分析・検出できたある特定の成分だけを取り出して、自然界にはありえない高濃度で精製したものがクスリでありサプリメントです。これらにはたとえ目先の効能があったとしても、その「裏側」には必ずや副作用が隠れているのだと私は思います。

本来、人間には自然治癒力が備わっています。農薬と同じで、クスリをむやみやたらと乱用することによって、本来の自然治癒力が壊されてしまうのです。

自然栽培の野菜を広めるだけでなく、大自然に学ぶことで健康を保つライフスタイルを提案することが、自分の果たすべき使命だと思うにいたったのです。

風邪は体の毒出しのために必要

病気は、基本的には元気になるために必要なことだと私は考えています。

野菜の病虫害は、本来の元気な土の姿に戻るためのシステムでした。それと同じで、病気も健康体に修復するための自然な作用だと思うのです。

人間の体はそれ自体、自然でバランスがとれているものです。

しかし、現代生活ではどうしても不純物や毒が体に入ってしまいます。食べ物からは食品添加物、残留農薬、肥毒など。また、空気も汚染されているし、飲み水も塩素や前述の窒素、その他の不純物が混ざっています。

自然栽培では、植物の根から吸い上げることで土の毒を抜くことができますが、人間はどうすればいいのでしょうか。

もちろん、まずは「毒を入れない」という工夫が大切です。しかし、それでもどうしても自然でないものが入ってきてしまうから、「毒出し」「解毒・排毒」ということが重要になってくるのです。

私たちはそもそも体にたまった毒を自然に排出する機能をもっています。尿や便などの排泄、汗、女性なら生理です。

それでも毒を出し切れない場合、どうなるかというと、「病気」になるのです。病気は体の毒出しなのです。

だから病気になったとき、まず原因を考えることが大切です。

病気になるには必ず原因があります。毒素が過剰にたまってしまった原因は何か。そこを考えて改めることがまず大切です。そして解毒をしっかり行うこと。その原因を正し、毒をしっかり出すことです。

病気といえば、いちばん身近な病気は風邪だと思います。

一般には風邪はいやなもの、困ったものと、とらえられているかと思います。ところがうちの会社では「それはよかった」といって喜びます。風邪を引いて熱を出すことは万病の予防につながるからです。

風邪を引くと発熱します。これは体内に侵入してきたウイルスを殺そうとする作用ですが、一方で体にたまった毒素を溶かす作用もあると思うのです。咳や鼻水などの諸症状は、老廃物や有害物質を排出しようとする現象です。

これを抗生剤、解熱剤、風邪薬などで無理に抑えつけたらどうなってしまうか。毒出しが完了しないまま、症状が治まってしまうのです。

よく「風邪ひとつ引かない」といいますが、それは「風邪も引けない」ほど、体が弱って毒を出せない状態なのかもしれません。

年に何回かしっかり風邪を引いて熱を出すというのは最も効率のいい体内の掃除であ

り、誰にとっても非常に重要なことです。それが、次なる大きな病気にならない最大の秘訣だと私は考えています。

――クスリ＝「有効成分」＋「添加物」

現代人が病気に対して最大の間違いを犯しているのは、痛みや苦痛などの症状だけを、原因を探ることなく早く取り除こうとすることだと思います。

熱がつらいからといって解熱剤を飲む、咳が出るからといって咳止めを飲む、頭痛がいやだからといって頭痛薬を飲む……。このように目先の苦痛をお手軽に止めようとする安易な選択こそ、問題があるのだと思います。

私自身、自然栽培を学びはじめた18歳のころから、医者にもクスリにも縁のない生活を送っています。

結婚して二人の子どもを授かりましたが、子どもたちも今日まで一度も医者にかかったことがなく、クスリも飲んだこともありません。それでも大病をすることもなく、とても元気で健康に過ごしています。もちろん女房もです。

それは原因物質を体に入れない、そして入ってしまったら出すということを実践しているからです。自分の体を自然な状態に保ち、自然の法則にしたがって生きる。私たちの体も自然の一部に違いないのですから。

もちろん私も家族も、風邪を引くこともあります。しかし、小さいころから私の考えをしっかり話してありますから、風邪を引いてもクスリを飲まないことを不安に思ったりしません。

サプリメントも同じですが、クスリのすべてが「有効成分」ではありません。有効成分は部分にすぎないのです。風邪薬なら、一錠全部が風邪への有効成分ではないのです。

錠剤も塗り薬も、点滴も予防接種も事情は同じです。サプリメントのビタミンCも一錠すべてがビタミンCというわけではないのです。有効成分は一部分、そうだとすればそれ以外はいったい何なのでしょうか。

答えは「添加物」です。

防腐剤や安定剤、着色料、コーティング剤、胃の中で溶けやすくするための崩壊剤などの化学合成添加物が使われているのです。つまり、クスリ一錠は「有効成分」と「添加物」で構成されているのです。

さらに添加物のほかにも、クスリには製造途中において中和剤や成分を抜き取るための抽出剤、さらに発酵段階で使われる培養液、顆粒や錠剤、加工処理用の薬剤など、さまざまな薬品が使われています。

こうした加工の段階で使われる薬剤は表示義務がないので、使う側はどんな薬剤がどれだけ使われているかを知ることができません。食べ物から一生懸命、農薬や食品添加物を避けても、クスリやサプリメントを常用する限り、化学物質を取り込んでしまうのです。

クスリやサプリメントの有効成分には、その場の症状を抑えるというメリットはありますが、その反動で起こる副作用のデメリットのほうがはるかに損失が多いこと、そして付随する添加物は体にさまざまな悪影響を及ぼすこと、だからクスリを飲むならば、一錠丸ごと化学物質であり、デメリットもあるという認識をもって飲むべきだと思います。

予防接種を一度もしていない理由

うちの子どもたちは、予防接種も受けたことがありません。

予防接種は少量のワクチンを体に入れて、免疫をつけるというものです。しかし、そもそもウイルスが好まない体内環境であれば予防接種は必要ないし、感染しても自分の力でウイルスと闘って、自分の力で免疫を獲得しなければ意味がないと思うのです。実際にウイルスに感染し、体で学習することで免疫を高める必要性を訴える医師も増えています。

それに予防接種には、ワクチンだけでなく、水銀やその他の添加物が多量に含まれています。アレルギーの原因になるともいわれているのです。

とくにインフルエンザの予防接種に関しては、お医者さんの中でも「意味がない」と考える人が多くいます。また群馬県前橋市の医師会が、かつて国に申し立てをした事例もあります。ワクチンの効果が認められなかったのです。

ただし、私は誰もが予防接種を受けてはいけないと断じているわけではありません。

予防接種を受けないという決断をするならば、それなりの「下地」をつくっておく必要があるのです。たとえ感染しても、それに打ち勝つ体力・免疫力があるかということです。普段の生活でどれだけ力のある食べ物を食べているか、自然に沿った生き方をしているか、そこが大切です。

そういうベースがあってこそ、はじめて予防接種を受けないという選択ができるわけです。ベースづくりをせずに、たんに予防接種を打たないというのは、たんなる無責任です。

体力が病気との闘いのポイント

自然治癒力に解決をゆだねる際のポイントは「体力」と「清浄化力」です。死んでしまったら元も子もないのですから、常に体力が清浄化を上回ることができるように配慮する必要があります。ただたんにクスリを使わない、では虐待と同じです。

そのために、わが家では食べ物を中心に、住環境、洗剤、シャンプー、着るものまで、徐々にではありますが、できるかぎりの備えをしてきました。何から何までとはいきませんが、重点ははずさないという方法でやってきました。

とはいうものの、私自身も自分の子育てにおいて、まったく迷いなくきたかといえば、必ずしもそうではありません。クスリは使いたくないけれど、このままで大丈夫なのかと不安になったこともたびたびでした。

たとえば長男が5歳のときに「溶連菌感染症」にかかりました。

昔でいう「しょうこう熱」です。41度の高熱が出ました。医学事典などには「抗生物質を使わない限り危険である」とあり、「使えばすぐに治ります」ともあります。

私たちは抗生物質を使わないと決めていましたから、ずっとそばにいて体をさすってあげることしかできません。でもそれは、たんなる親のエゴではないかという思いもよぎります。

彼の生命を生かしたり殺したりする権利は自分たちにはないはず……。そこで迷った際には、いつも「期限」を設定することで乗り切ってきました。

このときは妻と話し合い、3日で熱が下がらなかったら自分たちの負けだから病院に行くと決めました。私は会社も休んで3日間、見守りました。

すると3日もたたないうちに熱は下がり、結局、医者に行くことはありませんでした。「溶連菌感染症」は発疹を伴いますから、全身の皮がボロボロむけました。さすがにこれはまずいのではと心配しましたが、それもきれいに治ってしまいました。人間の治る力とはすごいものだな、と改めて感動しました。

私は医療のすべてを否定しているわけではありません。

体力のついていない乳幼児の場合は、そこでクスリを使うという選択も場合によっては必要かもしれません。クスリを使わないのは理想ですが、もう少し体力のついた時期になってからチャレンジしてみるという選択もありだと思います。

ただ、クスリを使った場合は、大きなマイナスの要素を入れ込むことになるわけです。その後の生活においてはよりプラスになれるよう、食生活をはじめ、日々の生活をいっそう整えていくという覚悟が必要だと思います。

病気には必ず原因がある

子どもは無垢のままで生まれてくるわけではなく、どうしても母親から化学物質などを引き継いでしまいます。

それを排出するために、具体的な症状を発症するのです。私の二人の子は生まれてすぐアトピー性皮膚炎を発症し、わが子の症状からそれを目の当たりにしました。それは症状が出てしまったのではなく、自ら排出のために起こしているのです。

いま新生児の3分の1が、なんらかのアレルギーをもって生まれてくるといいます。

それは本来おかしなことだと思うのです。万が一アレルギーが出てしまったら、その結果を真摯に受け止め、原因を解明する必要があると思います。それをせずに、すぐにクスリに頼るのは筋違いというものです。

アレルギーといわず、すべての病気には原因があります。原因があるから結果があるのです。安易にクスリを使うことは、その原因を上塗りする危険性もあるわけです。

私は自然栽培の考えから、病気の原因は基本的に「過剰栄養」と「クスリ」だと確信しました。クスリは農業における農薬と同じようなもの。飲むなとはいいませんが、問題を先送りするだけであることを認識してほしいと思います。

人間の体には「常在菌」といって、菌がたくさん住み着いています。これらは病原菌の侵入を防いでくれる役目もしています。ところが抗生物質や消毒薬を使うと、この常在菌も根こそぎ死滅してしまい、かえって抵抗力を落としてしまうのです。

サプリメントはいわば「化学肥料」

サプリメントについても、ここで述べておきましょう。

サプリメントは栄養のかたまりです。栄養価の高いものが体にいいというなら、サプリメントをとっていれば、健康を保てるということになります。

しかし、これを自然栽培の考え方で見ればどうでしょうか。

クスリが農業における「農薬」なら、栄養のかたまりであるサプリメントは「化学肥料」にあたるものです。肥料とは栄養を与える行為そのものですから。

肥料は頭の計算を働かせ、「より早く、より多く」の収穫を求める行為です。打算に始終すれば必ず反動が生じます。自然の摂理に不自然を強いれば、すぐに反動が生じます。ひとたび肥料を与えれば虫や病気が発生することは、いままで述べてきたとおりです。

農業の現場においても、作物は栄養を供給しなくても元気に育つわけです。私たちは「栄養」を食べているのではない。「生命」をいただいているのです。サプリメントは人工の化学物質のかたまりです。栄養はあっても「生命」は存在しません。その「栄養」にしても、自然界にはありえない、濃縮した成分なわけです。

医師の三好基晴先生からうかがった話ですが、人の体は長い年月をかけてつくり上げられてきたのです。日本人なら米を食べ、野菜を食べ、味噌を食べ、そういう食生活に順応してきたのです。サプリメントのような特定の栄養分を濃縮したものを体内に入れるようになったのは、ごく最近のことです。

人間の体は過剰な栄養素が入ってくると、これを異物として認識し、排出しようとするそうです。過剰分を解毒・排出するためには、肝臓・腎臓にも負担がかかりますし、副作用も心配です。

肥料を使えば一見元気そうな野菜が育ちます。しかし一方で「肥毒」がたまり、その副作用として虫や病気におかされます。それと同じように、人間の体も過剰な栄養素をとれば、必ず「副作用」が起こります。

また、最近のサプリメントは「抗酸化作用」とか「活性酸素を除去する」などさまざまな効能をうたっていますが、化学物質は人体にとっては明らかに異物です。

人体は異物を排除しようとしますから、そのために使われるのが活性酸素なわけです。つまりサプリメントをとったことで、活性酸素を増やしてしまうという皮肉な結果になってしまうのです。

先に味噌の話をしましたが、味噌をはじめとした発酵食品にはビタミン、ミネラル、酵素など、私たちの活動に欠かせない、さまざまなありがたい物質が無数に含まれています。こんな天然のサプリメントがあるのに、わざわざ人工的なものを買って飲む必要はどこにもないのではないでしょうか。

人間も野菜も、食事（肥料）いかんで、病気を招き、クスリ（農薬）に頼れば、本来もつべき生命力（自然治癒力）が弱まるばかりです。

私は姉の死をきっかけに人間本来のライフスタイルを追求した結果、自然栽培の米、野菜にたどりつきました。

この世に生存するすべての生命体は、それぞれにふさわしいものを口にしていれば、本来の健康体で過ごすことができ、何も過剰防衛する必要はないのです。

ウイルスに負けない体は誰にでもつくれる

2005年、熊本地方には大量のウンカが発生し、稲作は甚大な被害をこうむりました。防虫剤をまいてもまいても食い止めることができず、一般の田んぼは茶色に変色し、稲は壊滅状態だったそうです（次ページの写真の右半分がそうです）。

ところがそんな中でも、ほとんど影響を受けなかったのが、自然栽培の稲だったといいます。

写真の左半分は、熊本県で長年自然栽培に取り組んでいる富田親由《ちかよし》さんの田んぼです。防御など何もしていないのに、ほとんどウンカの被害にあうことなく、例年どおりしっかり収穫ができたそうです。

一生懸命防御したけれど、防ぎきれなく虫にやられてしまった稲。しかしその一方で、横で虫が猛威を振るっているのに、何の防御をしなくても元気に育った稲。

この差を見たとき、「これは私たち人類が自然栽培を通して学ぶべきだ」と直感しました。

肥料や農薬を一生懸命使って育てられる作物は、見た目はキレイだけれど、本当の健康野菜ではない。これは野菜の腐敗実験で述べたことです。

それと同じように、人間もクスリや過剰栄養をとってその場は元気になっ

2005年、ウンカ発生後の田んぼ

※右が一般の田んぼ、左が冨田親由さんの田んぼ

ても、それは真の健康を得たわけではない。それどころか、誰もが新手のウイルスや菌におびえて生きているのが現状です。

私自身、35年来、医者にもクスリにも頼らない生き方をしていますが、自然栽培の米のように自然と順応していれば、ウイルスにも病原菌にも感染しないのだろうと考えています。

それは私が特別な体質だったり、特別な生き方をしているからではありません。体は食べ物でつくられるのです。毎日食べたもので、きっちりつくり変えられるのだから、本書を読んでいるみなさんも、今日から食を変えればいいのです。

そうすれば自然栽培の田んぼのように、どんな薬剤にも負けないスーパー細菌のような人類を脅かすウイルスが襲いかかってきても何も怖くありません。おびえることなどなにもなく、安心して生きていけるのです。

【おわりに】………

野菜を通して伝えたいこと

――「自分のおごり」が招いた大事件

第1章でナチュラル・ハーモニー設立までの奮闘・騒動ぶりを述べましたが、私にとってはとても重要な部分をあえて飛ばして書きました。それについて最後に述べたいと思います。

ナチュラル・ハーモニーが小さな店舗を構えたばかりのころです。

そのころはサーファー時代の後輩が手伝ってくれていて、ひとりが店番、ひとりが外売りを担当していました。しかし店を構えても急に売れはじめるわけもなく、経営は相変わらず苦しい状態が続いていました。

そんなところに、とんでもない事件が発生したのです。

私が店番をしていた日、相棒がトラックで外売り中に踏み切りで立ち往生してしまい、そこに電車が衝突してしまったのです。

幸い、電車の乗客乗員にも相棒にもケガはありませんでしたが、トラックと電車は大破。大事故でした。さすがに天を恨みました。「こんなにがんばっているのに」と。

その後、鉄道会社から物損の請求書が回ってきたとき、「ああ、俺の夢は、そして人生はこれで終わったな」と思いました。

そこには「数億円」の金額が書かれていたのです……。

保険の交渉やら電鉄会社との交渉やら、責任者としてしなければならないことが山のようにありました。

絶望の中をさまようような日々でしたが、もう一度自分を見つめ直してみました。「自然栽培の原則」についてです。

自然栽培では、必ず原因と結果をセットにして考えます。ある結果が出るとき、そこには必ず原因があるのです。虫がついて生産者が苦しむのはなぜかといえば、肥料を使うからだし、農薬を使うから土が弱るのです。

その原理原則を、自分に当てはめて考えてみたのです。事故が起こったのには、自分の心のあり方に何か原因があるのではないか、と。

いろいろ考えてみたら、原因は「自分のおごり」ではないかと思い当たりました。

それまでの私には「俺が自然栽培の野菜を広めるのだ！」という気負いが少なからずありました。しかし志はあるけれど、生活は苦しい。将来が不安だと悩みながらも、「俺が変えなければ誰が変えるのだ」という一心で続けていたのです。

よくよく自分の心の中をのぞいてみると、「自分は正しいことをしているのだ」「自分だけが重い荷物をしょって歩いているのだ」と自己陶酔していたようなところがありました。しかし現実は生活や経営が苦しいわけで、分裂していたのです。

さらには、自分は「善」で、それを認めない社会は「悪」であると、心の中で善悪を決めつけていたところもありました。自然界の中には善悪はないといいながら、自分の中ではしっかり善悪の区切りをしていたのです。そうです、私の心が自然の摂理から大きくはずれていたのです。それをこの事故は気づかせてくれました。

自分はじつは自然栽培の本当の意味を、何ひとつわかっていなかったんだ、そしていつしか惰性の中、不平不満の渦の中でうごめいていた自分に気づきました。

そして、この事故は私の心の「肥毒」をとるための清浄化作用であることが、はっきり認識できるようになったのです。そしてエゴも気負いも、さらには不平の気持ちも消え、思ったことは「なんてありがたいことだろう」。そのときの感覚は、体の中をソーダ水が通り抜けていくような思いがけない爽快体験でした。

億の借金という現実はなんら変わらなかったけれど、自分は大自然のしくみの中で生かされている存在なのだから、じたばたしても仕方ない。いまある自分に感謝し、借金も地道に返していこうと心に決めました。

将来のことも、結婚のことも天にまかせるし、こうなりたい、ああなりたいという人生設計も、もうおまかせだと。

すると本当に不思議な話なのですが、そのあとすぐに借金がうまく清算され、完全にゼロになってしまったのです。ウソのような本当の話です。

自然に逆らった生き方はもうしない

この経験から、自分の中で完全に意識が変わりました。

それまではずっとお金がないとか、経営が苦しいという不平の思いが先に立っていましたが、そうではなく、お店の再開の目途も立ったことで、もう一度野菜を売れるという喜びが純粋にわいてきたのです。

「世のため人のため」という気負いももうなくなっていて、自分が本当にいいと思うものを人にすすめていこう、いまできることを真心こめてやっていこうという気持ちでした。

そうなると、もう苦しみなどは、きれいになくなっていました。お金がないという現実は何ひとつ変わっていないけれど、心は晴れやかでした。

すると不思議なもので、とたんに商売のほうもうまく回りはじめたのです。たとえば、はじめての自然食品店から電話がかかってきて野菜を卸してほしいといわれるなど、店のほうも売り上げがどんどんよくなっていきました。

そうやってお客さまが増えると、またいろいろなものが扱えるようになって、商売の幅も広がっていきました。

そして野菜を通して、「自然の摂理」というものをもっと伝えたいという思いが育っていったのです。

たとえば野菜が2カ月かけて育つところを促成栽培で1カ月で育てたら、それは自然の摂理に逆らっていることになるわけです。人間の生き方もそれと同じで、自分の身の丈に合わないことをしたり、背伸びをしたり、自分の思うようにならないと不平をもらしたり、現代人は多かれ少なかれ自然に逆らっていると思うのです。

当時の私も「完全に生き方が間違っているよ」ということを、何かの力が働いて教えてくれたのではないかと思うのです。

あの電車事故がなかったら、いまの自分はないと思うし、電車事故が自分の人生を救ってくれたとさえ思うのです。

目に見えない婚約指輪

この事件で大きな教訓を得た私のその後の人生は順風満帆でした……、といいたいところですが、それがそうはいかなかったのです。

その後もいくつかの「出来事」があって、そのたびに立ち止まって考え、落ち込んだり自己反省したりの繰り返しでやってきました。

大きかったのは結婚のときでした。

野菜の引き売りをしていたときは「結婚なんて自分にはとても無理だろう」と悲観していましたが、その後仕事が軌道に乗りはじめ、結婚したいと思う人も見つかりました。

ところが、向こうの両親は大反対。そんなみすぼらしい3坪の八百屋なんて、話にならないというわけです。

何しろ女房はファッションショーのモデルという華やかな仕事をしていて、当時は売れに売れていましたから、私とはギャップが大きすぎました。

しかし時間がかかりましたが、なんとか給料も出るようになって、やっと向こうの両親にも認めてもらい、結婚が決まったのです。

式の日取りも決まって、婚約指輪はどうするかという話になりました。

そこで変なプライドというか男の見栄が働いて、「婚約指輪だけはいいものを買ってやりたい」と思ってしまったのです。そしてそのために、ちまちま小銭を貯めはじめました。

その貯め方というのが、純粋に仕事とはいえない食事などの代金を経費として落としてキープしておくとか、そういうそういうことをちまちまやって、やっと100万円ぐらい貯めて、それを会社のある場所に隠しておいたのです。

それで指輪を見に行って、自信満々で「これなんかいいね」と高価な指輪を指差す私。彼女は当然「こんな高いもの、無理でしょ？」と驚いていましたが、「うん、大丈夫」などと格好つけて、内金を入れてきたのです。

その足で会社に帰ったのですが、これがタイミングよく不思議なことが起こるのです。お金を置いてあるところを見てみると、ないのです。きれいさっぱりなくなっている。

当時従業員は3、4人いましたが、「ここにお金があったはずだけど、知らない？」と聞いても首を振るばかり。

おかしいなと思ってよく見たら、お金を隠してあった部屋の窓ガラスが割れていて、しっかり足跡がついているのです。

さらによく調べて見たら、盗られたのはそのお金だけでなく、会社の預金通帳や予備金までもっていかれていて、被害総額は800万円以上。

泥棒でした。警察を呼んで調べてもらいましたが、犯人はわからずじまいでした。

800万円は、当時の会社の規模からすれば大打撃でした。

しかしそこで、また私は考えたのです。

この前も自分の「おごり」の気持ちが電車事故を呼び込んでしまった。「またやってしまった」という思いがこみあげてきました。

たしかに現象としては泥棒にお金を盗まれた私は被害者ですが、本質を見据えて考えると、自分をよく見せようとして、自分の身の丈に合わないものをせこい方法でお金を貯め込んで買おうとしたから、こんなことになったと思いました。

なんて馬鹿なことをしていたのだろう。ないならないで、裸の自分でいけばよかったのです。

「原因が解決されれば結果も変わる」という自然栽培的考えのように、私の心の原因が解消されたら、急に犯人が上がってお金が返ってきた……、という展開にはもちろんなりませんでしたが、その後、それ以上のものが返ってきました。その直後、大きな商談が決まって、そこで上がった利益は年間を通して800万円を大きく超えるものでした。

これ以降、こんなせこいことは一切やめました。

結局、婚約指輪は買ってあげられませんでしたが、女房とはきちんと話し合って、これを二人の学びにしようといって、見えない指輪を交換しました。

こういうことはすべて予兆があると思うのです。予兆があったときに感じ取ればいいのですが、感じ取れないでいると、気づかさせるために大きなことが起こってしまうのです。痛い思いをしてやっと気づく。

あるときはダイレクトに人に怒られ、あるときはこのような事故が起き……と、自分が間違った方向、自然に逆らった方向に行こうとすると、どこかから必ず間違っていることを教えられる。そうやって導かれてきたように思うのです。

だから、ナチュラル・ハーモニーの直営店すべてが「ここに店を出したい」と思って始めたものは一軒もないのです。すべて向こうから「ここに出してくれないか？」と要請されて始めたものです。それは自然の流れと受け止めて、話をいただいたらありがたく乗らせていただいているのです。

「肥料」を使ったその場しのぎでは、「本物の実り」は得られない

よく人に「この不況下にナチュラル・ハーモニーさんは、なぜそんなに伸びているのですか?」とか「繁盛の秘訣は何ですか?」と聞かれることが多いのですが、返事に困ってしまうのです。

結局、私のベースはゼロなのです。こういう話をすると宗教的などと思われる方もいるかもしれませんが、これぞ自然栽培の原理原則だと思うのです。

自然に逆らわない生き方をすれば、健康にもなるし、ビジネスもいい方向に展開する。自然栽培は私にとって人生哲学でもあるのです。どれが自然栽培的な生き方なのか、あるときは自分で考え、あるときはどこかから教えてもらって生きてきました。

うちも過去何度か経営難に陥ったことがありました。どうしようもないときもありましたが、ただクヨクヨしていてもしょうがないことはわかっていて、ではどうすれば解決できるかと考えたら、方法は2つしかありませんでした。

ないものはないのだから、ほかから供給してくるか、または自分たちがとらないかということです。供給というのは借りてくるということで、とらないというのは給料のことです。私はそのとき、借りてくるということをしませんでした。投資するときの借金はするけど、足りなくなって補填する借金はしない。それが自然栽培的な生き方であり、自然栽培的な経営だからです。

一般的には、資金繰りが苦しくなったら借りてきて補填するのが普通でしょう。でもそれは野菜の栽培にたとえれば「養分供給」なわけです。それは自然栽培の考え方に反します。

そこで、なぜ資金不足に陥ったのか、会社のみんなで一緒に考えました。

考えて原因を解決しない限り、また不足になるのは明らかです。体質を改善しないといけないという話になりました。

当時40人ほど従業員がいましたが、全員一律に給料の引き下げをお願いしました。もちろん私はゼロでいいから、1年間これで耐え忍ぼうと、そしてその間に原因を探り当てて解決しようと決めたのです。

それから、本当に心からお客さまのことを考えてやってきたかとか、いろいろ問題を出し合って話し合いました。

そのときもやはり、売り手の意識改革ということでした。本当にお客さまに喜んでもらえることは何か、そのためにどうするべきか、基本に立ち返って一つひとつやっていったら、不思議なことに売り上げが上がって会社を立て直すことができたのです。

この不景気の中で倒産する会社もたくさんありますが、いまの世の中の会社は、借金を重ねていって、雪ダルマ式にそれが膨らんで、どうにもならなくなっているところが、じつに多いと思います。

しかし、本当は足りないから借りるのではなく、足りない中でどうするのか、身の丈に合った方法を探るべきではないでしょうか。

給料は変えたくない、生活レベルは落としたくないというのは、もともとがズレています。うちの場合、そこで気づいてズレを修正できたから、そのあと立ち直れたのです。

体も、生き方も経営も、「肥料」を使ってその場しのぎをしたら、「本物の実り」を得ることはできないのです。

悪性リンパ腫の患者さんからの手紙

本書を脱稿する直前、ナチュラル・ハーモニーの宅配会員さんから、非常に感動的なお手紙をいただきました。

その方は30代の女性で、「悪性リンパ腫」という血液のガンを患っている方です。入院したときにはすでに末期の状態だったそうで、主治医には「助からないかもしれない」とまでいわれたそうです。抗ガン剤でなんとか一命をとりとめたものの、退院後も何度も再発したそうです。抗ガン剤のひどい副作用にも見舞われたようです。

しかし、彼女はこの大きな病気から「自然に沿う生き方」を学んだといいます。お寺に通ったり、私のセミナーに参加してくださったりするうちに、それまで自分が無茶な生き方をしてきたことに気づき、自然に周囲のすべてに対して感謝の思いがこみあげてくるようになったそうです。

自然栽培の野菜も、最初は「病気を治すために」食べていたのが、最近は「本当に心からおいしいと思って」食べるようになったというのです。

一度、自然栽培の米を切らしたときに、ほかの米を食べ、その違いに驚いたそうです。「五感」が研ぎ澄まされている証拠だと思います。

そして気づいたときには体調がよくなっており、自然とリンパ腫が消えていることもあったそうです。お医者さんも驚かれているようです。当初、「あと一年生きられるかどうかわからない」と余命宣告を受けた彼女でしたが、最近では「あなたの場合は本当にわからない。予測不能です」といわれているそうです。

いまも新たにリンパ腫ができることもあるそうですが、これも自然に消えていったりしているそうです。彼女はこれを、体の中から毒素が出ていっている最中なのだと受け止めています。

散々、農薬や肥料を使った土でも、人が肥毒を抜く手助けをすることによって、時間はかかりますが、もとの健全な土に戻るのです。

人もそれと同じで、どんなに大量のクスリを飲んできたとしても、毒を取り込んできたとしても、生命力のある食べ物をとり、毒素を排出すれば健康を取り戻せるのです。

野菜はクスリではありません。野菜が病気を治すのではなく、生命力のある食べ物をとることによって、「本来」の健康な体に戻ることができるのです。

自然の摂理を学び、自然栽培的な生き方を実践している彼女が、病を克服することを願ってやみません。

姉が教えてくれたこと

姉を亡くした16歳のときから、ずっと「健康とは何か」ということが私の命題でした。そして自然栽培にめぐり合い、こうして自然栽培に学ぶライフスタイルの提案までさせていただくようになりました。

いまこうして活動ができているのは姉のおかげだと思っています。姉のことがなかったら、気づくことはなかったでしょう。

姉は死んでこの世に肉体は存在していませんが、その死には意味があって、私に大きなメッセージを投げかけているのだと思います。

いま、日本社会はとんでもない状態になっています。経済は不況で出口が見えず、ワーキングプア層は増加する一方、人口あたりの自殺率は世界で第2位という自殺大国となっています。

自然栽培、自然栽培的な生き方は、この閉塞した社会に突破口を開け、健全化をはかるために、素晴らしい解決策となりうると信じています。

人に「河名さんはすごいね」などといっていただくこともありますが、私とて先達の方々や農家の方々にいろいろ教えていただいて、今日こうやって元気に生かしていただいている身です。たまたま人より早くこの情報を知り得たにすぎません。そして、この自然から学ぶあり方を伝えるためのスポークスマンとしての役割を、たまたま割り当てられているだけだと思っています。

これからも自然栽培をもっと世に広めていきたいし、より多くの人に自然と調和した生き方をしていってほしいと願っています。

それがいかに素晴らしく、楽しいものか、実践した人だけが理解できるものでしょう。

2010年9月

河名秀郎

【特別付録】

本当に安全でおいしい野菜の選び方

本当に生命力にあふれる野菜とはどんな野菜なのか。おおまかにではありますが、あげていってみましょう。野菜を選ぶときの参考にしていただければ幸いです。

野菜を選ぶポイント 1

緑が薄い！

野菜の緑は「硝酸性窒素」が由来であり、窒素を多く含んだ肥料を使った野菜は緑が濃くなります。肥料を使わない自然栽培の野菜は緑が薄くてやさしい色合いです。ところが一般的には、「緑が濃いほどいい」「薄いのは養分が少ないからだめ」という思い込みがあります。

こんなエピソードがあります。

一般栽培を行っていたある生産者が、自然栽培に切り替えたいと相談に来ました。このようなとき、私たちはいつも「一気に切り替えないでください」とお願いします。有機栽培なら有機栽培、一般栽培なら一般栽培をやりながら、徐々に自然栽培に切り替えていくことをおすすめしています。それは、その生産者の生活を保全するためでもあります。

その生産者も、一般栽培をやりながら自然栽培を同時進行で始めたのですが、やはり一般栽培のほうも化学肥料を少なめにという気持ちが働くわけです。それで肥料をあまり使わずにキャベツをつくったところ、当然ながら淡い色になった。それを出荷したら、市場で「こんな色じゃだめだ」といってつき返されてしまったそうです。それであわてて、次からは肥料を使ってしっかり濃い色にして出荷したそうです。市場の人さえも「色が薄いと栄養が少ない、だめだ」と判断しているのです。

野菜を選ぶポイント 2

均整がとれて美しい

自然栽培の野菜の大きな特徴として、「左右対称」ということがあります。巻頭のカラーページをご覧いただければおわかりでしょうが、大根の葉っぱなど、左右対称の均整のとれたフォルムを描いています。本当に芸術品のような美しさです。

ニンジンも輪切りにしてみると、見事に芯が中心に位置して、きれいな円形を描いています。

それは人間の手にかかった美しさではなく、本当に自然界が織り成すものなのです。それは植物が自然のままで順調に、楽しく育ってきた何よりの証ともいえます。過剰な栄養によってどこかが突出して成長するのではなく、少しずつ成長すれば、自然にこうなるわけです。

これが肥料を使ってしまうと、どこか無理やり成長させてしまうので、このような完璧なフォルムにはなりません。ただし、化学肥料を使った一般栽培でも、きれいな形になることもあります。それは化学肥料は形状が粉か液状のため、均等にまきやすいからです。

有機栽培の場合は有機肥料なので、なかなか均等にはまけません。あっちにぼとっ、こっちにぼとっという感じになるので、どうしてもばらつきがあります。すると均整のとれた生育をしないわけです。

カラーページのように、有機栽培のニンジンを輪切りにしてみるとよくわかります。芯が中央に来ていなかったり、きれいな円形を描いていなかったりします。

野菜を選ぶポイント 3

ずっしりと重い！

自然栽培の野菜は、もっとずっしりとした重みを感じます。

それはゆっくり細胞分裂を繰り返しながら生育するからです。肥料がないと、自分の根っこで必要な養分を探しますから、自然に生育に時間がかかるのです。だから自然栽培の野菜は、驚くほど根をしっかり張っています。

自然栽培の野菜は一般栽培と比べて、たとえば大根なら2週間ほど収穫が遅いようです。というよりも、こちらが通常の生育速度であって、肥料を使って無理に生育を早めているともいえます。

ゆっくりな分、「日」「水」「土」のエネルギーをいっぱいもらっていますから、実がぎゅっとつまっています。

一般栽培、有機栽培の野菜は水に入れると浮かびやすいのです。肥料は成長促進剤のようなものですから、細胞分裂が早く、その分中身が薄くなります。

カラーページのように、トマトでも自然栽培のものは完全に沈みます（夏場は湿度が高く、水分が多いため、沈まない傾向にはありますが)。

またトマトを切ったとき、肥料を使っているものは中に空洞があることがあります。自然栽培のトマトは空洞がありません。

同じ理屈で自然栽培の葉物野菜は、ゆでても重さが変わりません。

ほうれん草でも小松菜でも、ゆでると目減りするのが普通でしょう。実際にはほうれん草100グラムをゆでると、80グラムぐらいになってしまいます。

ところが自然栽培のほうれん草は、100グラムゆでても100グラムのままです。自然栽培のものは細胞壁がしっかりしているので、中身が出ていかないのです。

肥料で育つと細胞自体が肥大しながら分裂するため、細胞の壁が薄く、ゆでると中身が流出してしまうからだと思います。

野菜を選ぶポイント 4

ゆでると色が鮮やかになる

自然栽培の野菜は一般栽培より色が薄いと述べましたが、ゆでると色が鮮やかになります。これは仮説の域を出ませんが、「クチクラ層」という野菜の表面をコーティングしている膜があり、この膜があるから病原菌が入りにくく、虫や病気から身を守っているといわれています。

肥料を入れた野菜は速成しているため、このクチクラ層が薄いか、あるいはないのです。自然栽培の野菜は、このクチクラ層がしっかり厚くできあがっています。しかしこのクチクラ層は水に溶けてしまうので、ゆでることによってカバーがとれ、ゆでる前の色より鮮やかになるのだと思います。

野菜を選ぶポイント 5

きめが細かくて肌が美しい

自然栽培の野菜はきめが細かくて、肌がとてもなめらかです。大根の肌目など、ほれぼれするほど見事な美しさです。

それと自然栽培の野菜は土離れがいいのです。土離れというのは、土が肌目にかんでいなくて、洗うとサッととれやすいということです。それはきめが細かいということでもあるし、土の粒子が細かいというのもあるかもしれません。

あるとき農家の方が私に手を見せて「河名さん、見てよ。自然栽培に切り替えたら、手がこんなにきれいになっちゃった」というのです。

たしかに土をいじっているとは思えないようなきれいな手でした。以前は手肌のしわのあいだに土が入り込んで真っ黒になっていて、どんなに洗っても落ちなかったそうなのです。

ナチュラル・ハーモニーの宅配の会員さんからも「土がついてきても、有機野菜と比べると洗うのがラク」という声をよく聞きます。

野菜を選ぶポイント 6

野菜本来の味がする

自然栽培の野菜はどんな味がするのでしょうか。

よくおいしい野菜を表現するとき「甘い」といいますが、自然栽培の野菜は、有機野菜のように甘ったるい味ではありません。糞尿肥料を使った野菜は、甘みが強く出る傾向にあります。

いままでは「甘みが強い＝おいしい」という時代でしたが、それはもう終わりだと思います。自然栽培の野菜は甘みももちろんありますが、すっきりしていて、エグミのない、やさしい味がします。これが野菜本来の味なのだと思います。

なかなか言葉にはしづらいのですが、「ああ、野菜ってこんな味だったんだ」と思ってもらえる味です。

「おいしい」という字を漢字で書くと「美味しい」となります。美味しいとは美しい味ということです。

あいまいな言い方になってしまうかもしれませんが、自然栽培の野菜はこの「美しい味」という表現がぴったりだと思っています。

そして何より、味を超えて「エネルギーをもらった」「この野菜を食べたら元気が出た」といっていただくことが非常に多いのです。それこそが「運命を変える野菜」といわれるゆえんです。本書で紹介した方々の体験談でも、それはおわかりいただけるでしょう。

あとは、ぜひみなさん自身の舌で味わってみてください。

「はじめに」の答え

1. **野菜を放っておけば、腐るのは当たり前だ**
→自然栽培の野菜は腐らず、「枯れる」

2. **有機野菜とは、無農薬でつくられた野菜だ**
→有機野菜でも農薬が使われていることがある。有機JAS認定では31種類の農薬を許可している

3. **有機野菜は生で食べても大丈夫**
→有機野菜は、場合によっては一般栽培の野菜より、危険性の高い硝酸性窒素が多いので生食はおすすめできない

4. **ほうれん草などの葉物野菜は、色が濃いほうが体にいい**
→一般に色が濃いほうが、硝酸性窒素が多い可能性が高い

5. **虫がつくのは、安全な野菜の証拠**
→虫は野菜の硝酸性窒素を食べに来る掃除屋。虫がつくのは掃除をしなければならない野菜・土だから

6. **野菜を育てるには、肥料が必要**
→自然栽培野菜は、一切肥料を使わなくても元気に育つ

7. **有機野菜は、環境にも体にもやさしい**
→有機栽培で使う有機肥料には硝酸性窒素が多く含まれ、地下水を汚染する。また野菜にも硝酸性窒素が多く含まれてしまうことから考えると、一概に地球にも体にもやさしいとはいえない

8. **栄養バランスを考えて食べないといけない**
→栄養バランスを一切無視して元気に生きる生き方もある

9. **特別栽培・減農薬野菜は安全だ**
→特別栽培・減農薬といっても、60回農薬をまくところを30回に減らしただけという場合もある

10. **野菜は多くとればとるほど体にいい**
→どんなものも、とりすぎれば副作用が起こる。とればとるほどいいというものではない

著者紹介

ナチュラル・ハーモニー代表.
1958年，東京生まれ．國學院大學卒業後，ハーブティの販売会社に就職するが，「もっと自然に近づきたい」と脱サラ．千葉県の自然栽培農家での１年間の研修，３年間の野菜の引き売りを経て，1986年に東京都世田谷区下馬に３坪ほどの八百屋を開店し，ナチュラル・ハーモニーを設立.
現在は，業務用卸売り事業，自然食品店，自然食レストランなどの衣食住全般を統合した「ナチュラル＆ハーモニック」や，自然栽培・天然菌発酵食品に特化した個人宅配「ハーモニック・トラスト」などを展開している．また，一般消費者に対しては，「医者にもクスリにも頼らない生き方セミナー」を開催し，生産者に対しても自然栽培の普及を目的に日本各地，韓国にも赴き，各種セミナーを開催している.
著書に『自然の野菜は腐らない』（朝日出版社），『ほんとの野菜は緑が薄い』（日本経済新聞出版社）などがある.

本書の内容に関する問い合わせや講演の依頼は，下記までお願いいたします

株式会社 ナチュラル・ハーモニー 本社
〒158-0087　東京都世田谷区玉堤2-9-9
TEL：03-3703-0091（月～土　10:00～18:00）
http://www.naturalharmony.co.jp/official/

野菜の裏側

2010年９月30日　発行

著　者　河《かわ》名《な》秀《ひで》郎《お》
発行者　柴生田晴四
発行所　〒103-8345 東京都中央区日本橋本石町１-２-１　東洋経済新報社
電話　東洋経済コールセンター03（5605）7021　振替00130-5-6518
印刷・製本　東洋経済印刷

Printed in Japan　ISBN 978-4-492-22304-8　http://www.toyokeizai.net/